特大型升船机
火灾疏散仿真建模与优化决策

陈述　李智　王建平　著

中国水利水电出版社
www.waterpub.com.cn
·北京·

内 容 提 要

本书通过分析升船机布置及消防设施，揭示升船机火灾烟气扩散规律，模拟升船机船厢及塔柱内的疏散情况，制定升船机火灾应急预案，开展应急救援协同决策，评估火灾协同应急响应效能。主要内容集中在模型的构建上，使模型能够包含更多的真实要素，以期理论分析结果能更加贴近实际疏散过程。进而达到优化疏散过程、提高疏散效率、改善应急预案的目的，为特大型升船机人员安全疏散提供依据。

本书既可以作为特大型升船机建设单位、运行单位安全管理人员的培训用书，又可作为大专院校水利水电工程、安全工程、应急管理等专业学生的参考用书。

图书在版编目（Ｃ Ｉ Ｐ）数据

特大型升船机火灾疏散仿真建模与优化决策 / 陈述，
李智，王建平著. -- 北京 ：中国水利水电出版社，
2020.10
ISBN 978-7-5170-8952-0

Ⅰ．①特… Ⅱ．①陈… ②李… ③王… Ⅲ．①升船机
－火灾－安全疏散－仿真模型 Ⅳ．①U642

中国版本图书馆CIP数据核字(2020)第196428号

书　　名	**特大型升船机火灾疏散仿真建模与优化决策** TEDAXING SHENGCHUANJI HUOZAI SHUSAN FANGZHEN JIANMO YU YOUHUA JUECE
作　　者	陈述　李智　王建平　著
出版发行	中国水利水电出版社 （北京市海淀区玉渊潭南路 1 号 D 座　100038） 网址：www.waterpub.com.cn E-mail：sales@waterpub.com.cn 电话：(010) 68367658（营销中心）
经　　售	北京科水图书销售中心（零售） 电话：(010) 88383994、63202643、68545874 全国各地新华书店和相关出版物销售网点
排　　版	中国水利水电出版社微机排版中心
印　　刷	清淞永业（天津）印刷有限公司
规　　格	170mm×240mm　16 开本　8 印张　161 千字
版　　次	2020 年 10 月第 1 版　2020 年 10 月第 1 次印刷
定　　价	**40.00 元**

前言

PREFACE

　　随着我国内河航运事业的快速发展，高坝通航问题越来越引起关注。升船机作为升降船舶的通航建筑物，具有升程高、耗水量少、通航速度快等优点，能够适应上下游通航水位变幅大的高坝工程，在我国应用广泛。特大型升船机塔柱高耸，结构相对封闭，内部空间狭窄，给升船机内部疏散带来挑战。

　　近年来，众多学者致力于优化高层建筑疏散过程和提高疏散效率等方面的研究，并已取得了系列重要成果。但相较于一般高层民用建筑，特大型垂直升船机火灾疏散主要是单层疏散任务，疏散距离远，电梯楼梯联合疏散协同复杂，同时还面临向上下出口选择问题。

　　本书贯彻"预防为主，防消结合"的方针，坚持"确保重点，兼顾一般，便于管理，经济实用"原则，针对升船机布置及消防设施特征，综合运用消防科学、工程科学、系统科学等多学科理论，采用定量分析与定性分析相结合、试验分析与仿真分析相结合的研究方法，分析特大型升船机火灾蔓延与烟气扩散规律，模拟升船机船厢及塔柱内疏散情况，制定火灾事故应急预案，提出应急救援协同决策与应急响应效能评估方法，为解决特大型升船机火灾应急疏散提供依据。

　　本书出版获得水电工程施工与管理湖北省重点实验室的资助，得到了三峡大学、中国长江三峡集团有限公司、武汉大学等单位的大力支持，同时书中参考和引用了所列参考文献的内容，谨向这些单位与文献编著者致以诚挚的谢意。由于作者水平有限，书中难免有不足之处，恳请读者批评指正。

作者

2020 年 7 月 8 日

目录

CONTENTS

第1章 绪 论

1.1 背景及意义

长江是横贯我国东、中、西部地区的水路运输大通道。近些年，长江航道通航条件不断改善，航行船舶趋于大型化，航道通过能力不断提升，促进了沿江经济和社会的发展。沿江经济社会发展也给长江航道的发展带来了新的机遇，客观上要求长江水运加快发展，以缓解当前的运输压力、降低运输成本。

2014年9月12日，《国务院关于依托长江黄金水道推动长江经济带发展的指导意见》（国发〔2014〕39号）的发布，提出了打造"畅通、高效、平安、绿色"全流域黄金水道的长江经济带战略，标志着国家层面的重大战略部署正式实施。据权威部门预计，到2020年长江干线年货运需求将达到20亿吨。

金沙江下游巨型水电站的建设为黄金水道向上游延伸创造了条件，但由于受地形地质、河势和枢纽运行条件的限制，金沙江下游水电站通航建筑物存在通航水头超高，建设难度大等问题，要求进一步提升通航建筑物的建设技术，提高通航建筑物的通行能力。

升船机是为船舶通过航道上集中水位落差而设置的一种通航建筑物，相比船闸具有省水节水、过坝速度快、一次提升高度大等优点，在国内外已被广泛采用，如三峡升船机、向家坝升船机、尼德芬诺升船机、吕内堡升船机等。

三峡、向家坝等特大型升船机，为大型客船提供了快速过坝通道。船舶过坝时间将由3.5小时缩短至40分钟左右，具有良好的社会效益。被称为"国威工程""大国重器"的特大型升船机，提升高度、提升重量、上游通航水位变幅等指标都远超国际水平，运行安全事关成败。

消防安全是通航建筑物运行的重要保障，也是航运界一个国际难题。特大型升船机过机船舶内部可能存在可燃装饰材料、厨房炉灶燃料、棉被等易燃物品，火灾隐患大。同时，特大型升船机各部位也广泛布置有大量配电设备与电气线路，发生老化短路均有可能引发火灾。

此外，升船机两侧塔柱与船厢形成了相对密闭的包络空间结构，一旦发生火灾，烟气在有限空间内蔓延，难以扩散，有毒烟雾容易积聚，增大人员伤亡概率。不同于地面建筑，船舶在上百米高的升船机内垂直升降，一旦发生火灾，应急救援距离较远，救援途径与人员疏散途径重合，消防扑救困难。

因此，亟须围绕我国特大型升船机消防安全的重大现实需求，对特大型升船机消防安全控制技术进行综合研究、攻关创新，建立特大型升船机火灾疏散与决策优化理论体系，为升船机消防安全设施设置与应急救援提供依据，实现特大型升船机消防安全风险控制体系的完善和性能优化。

1.2　升船机主要型式

升船机的型式，按其布置方式，通常分为垂直升船机和斜面升船机两大类。这两类升船机又可按承船厢运行的方式、承船厢是否带水和设置平衡重、支承结构、提升和安全机构的型式等分为多种不同的型式。

1.2.1　垂直升船机

国外垂直升船机基本上都在运河上修建，早期较普遍的型式为湿运全平衡式，承船厢重量平衡的方式，主要为平衡重或浮筒，驱动的方式有齿轮齿条爬升式和水力式等。

1.2.1.1　齿轮齿条爬升式

所谓齿轮齿条爬升，就是利用安装在船厢上的齿轮与安装在船厢室两侧塔柱壁上的齿条相互啮合，电动机经减速箱带动齿轮旋转，通过齿轮和齿条的啮合作用带动船厢升降。安全装置采用螺旋锁定装置，当船厢因漏水等原因产生较大的不平衡力时，驱动装置停止运转，螺母与螺杆相旋合，由于螺旋的自锁作用，船厢被锁定在螺母柱或保安螺杆上。目前，齿轮齿条爬升式升船机被认为是最安全的升船机型式，三峡升船机（图 1.1）、向家坝升船机（图 1.2）就是采用的这种型式。

图 1.1　三峡升船机

图 1.2　向家坝升船机

国外的很多升船机也是采用螺旋锁定安全装置，如德国的尼德芬诺升船机（图 1.3）和吕内堡升船机等。

图 1.3　德国尼德芬诺升船机

齿轮齿条爬升式垂直升船机主要由上、下游引航道，上、下闸首和承船厢室几个部分组成。上、下游引航道为升船机主体与主河道间的连接渠道，在闸首前设有导航及靠船建筑物。上、下闸首是将升船机的承船厢室与上、下游引航道的水域隔开，使升船机在提升和下降的过程中，可以在无水的机室中升降，使升船机的平衡条件，不因承船厢下水而被破坏。通过在闸首上的闸门挡水并控制船舶

3

进出承船厢。

全平衡齿轮齿条爬升式垂直升船机示意图如图1.4所示。

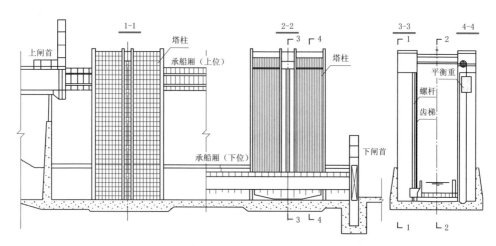

图 1.4 全平衡齿轮齿条爬升式垂直升船机示意图

1.2.1.2 全平衡钢丝绳卷扬提升式

全平衡钢丝绳卷扬提升式升船机利用卷扬机作为提升设备，卷扬机由电机、大扭矩减速箱及卷筒等组成。卷筒上绕有提升钢丝绳，为防止提升钢丝绳与卷筒间产生蠕动位移，采用缠绕式连接。提升钢丝绳一端与船厢相连，另一端与平衡重相连，当电机带动卷筒旋转时，便可带动船厢升降。

除了驱动系统不同，全平衡钢丝绳卷扬提升式垂直升船机与全平衡齿轮齿条爬升式垂直升船机之间的主要不同在于事故安全系统。全平衡钢丝绳卷扬提升式垂直升船机的安全装置由安全制动器、工作制动器和船厢沿程夹紧装置3部分组成。当发生事故需要紧急停机时，首先是电机按指令减速，然后工作制动器投入，经延时安全制动器再投入，使提升装置迅速停止运转。但是，在船厢发生漏水，而且漏水量超过可控平衡重的质量时，安全装置就无能为力，这时还要投入沿程夹紧装置来抵御不平衡力。

这个型式的升船机在我国比较多见，福建水口（图1.5）、湖北隔河岩均采用此类升船机。

1.2.1.3 浮筒式

浮筒式垂直升船机利用浮筒从水中获得浮力来抵消船厢的重力，不需要设置数量众多的钢丝绳、滑轮、卷筒及平衡重块，使船厢变得十分简洁美观，但是因为增大升程，需在下游河床高程以下修建很深的竖井。浮筒式垂直升船机仅适用于升程不高的升船工程。浮筒式升船机采用螺母螺杆装置既可作为升船

图 1.5 福建水口升船机

机的提升装置又可作为安全装置。从 19 世纪末到 20 世纪 60 年代，德国设计建造了几座浮筒式垂直升船机，如德国老亨利兴堡升船机（图 1.6）、罗特赛升船机等。

图 1.6 德国老亨利兴堡升船机

5

升船机在上、下闸首之间的船厢室基础内，按照升船机升降需要的高度和平衡承船厢重量的要求，在基础上挖掘数个竖井，井壁设钢筋混凝土衬砌并在井内装水。升船机的浮筒置于竖井中，竖井顶部设有井盖，安装在浮筒顶部的支架穿过井盖上预留的孔洞与船厢底部实现铰接。浮筒分为上、下两个隔离仓并充有压缩空气，在浮筒的下隔离仓中设一下端敞开的平衡仓，当浮筒下沉时，平衡仓内的空气被水压缩，浮筒上升时水压减小，平衡仓内的空气便膨胀，抵消了因支架露出或淹没于水中产生的浮力变化。

1.2.1.4　干运桥机式

这是 20 世纪在我国某些水电工程中采用的一种简易的升船机型式，是桥式起重机在通航建筑物中的直接应用，其上、下游引航道的布置与上述型式的升船机相同，其主体部分，由从大坝上游一直延伸至下游的一组排架和提升承船架并在上、下游之间来回行走的桥式起重机组成。这种升船机的技术比较简单，过船的吨位一般较小，为减少桥机提升机构的功率和简化建筑物布置，通常对船舶采用干运，承船架载运船舶直接下水。

1.2.2　斜面升船机

目前世界上已建成的斜面升船机的数量，较垂直升船机少。目前世界上已建斜面升船机的型式，主要有纵向钢丝绳卷扬机牵引式、横向钢丝绳卷扬机牵引式和纵向自爬式 3 种。

1.2.2.1　纵向钢丝绳卷扬机牵引式

纵向钢丝绳卷扬机牵引式斜面升船机，又分湿运和干运两种。

湿运纵向钢丝绳卷扬机牵引式斜面升船机，通常为减小驱动设备的功率，承船车设有平衡承船厢荷载的平衡重车。升船机主要包括上、下游引航道，上、下闸首和斜坡道三大部分。上、下游引航道为升船机的主体与主河道间的连接渠道，在闸首前设有导航墙。上、下闸首是将升船机的斜坡道与上、下游引航道的水域隔开（如上、下游的水位变幅较大，则为适应水位变化，需在上、下游各设置一座的船闸，在升船机的上、下游设置船闸，形成船厢车能够适应的固定水位），使承船厢在爬升和下降的过程中，承船车与平衡重之间的平衡条件不被破坏。斜坡道上布置有船厢车在其上行走的车轨道梁及轨道。船厢车上设有拉紧、密封框、箱头闸门等设备，及其牵引钢丝绳和平衡重。一般在上闸首（或船闸）下面布置船厢车的卷扬机房。

卷扬机牵引纵向斜面升船机示意图，如图 1.7 所示。

干运纵向卷扬机牵引式斜面升船机，斜架车为上、下游共用。升船机由上、下游引航道和斜坡道（包括轨道和轨道梁）及在斜坡道上行走的斜架车等组成，升船机不设上、下闸首，斜架车顶部为停船的平台，不设平衡重。升船机的卷扬

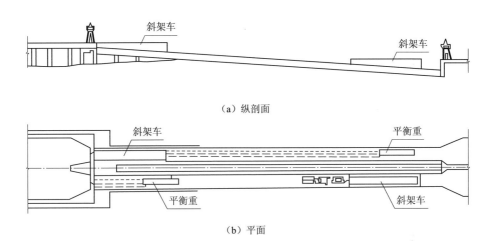

（a）纵剖面

（b）平面

图 1.7　卷扬机牵引纵向斜面升船机示意图

机房，一般设在坝顶下面，斜架车设有分别可适应上、下游两种斜坡道的两套轮子，上、下游轨道在坝顶处布置高低两套轨道，形成适应斜架车换轨的"驼峰"，并另设有使卷扬机牵引斜架车得以换向、换轨的摩擦驱动装置。斜架车可直接在上游和下游两种斜坡道上运行。

1.2.2.2　横向钢丝绳卷扬机牵引式

世界上已建成较大的横向钢丝绳卷扬机牵引式斜面升船机，主要为湿运升船机。其上游与运河的上游段连接，其下游与运河的下游段。在连接处均建有闸首及导航墙，上、下闸首之间为斜坡道及其轨道和船厢车。斜坡道的上端，设有卷扬机房。升船机的运行程序与湿运纵向卷扬机牵引式斜面升船机完全相同，仅船箱车的运行方向，由与引航道同一方向变为与引航道垂直方向。

卷扬机牵引横向斜面升船机示意图，如图 1.8 所示。

1.2.2.3　纵向自爬式

世界上已在大型水利枢纽上建成自爬下水式斜面升船机，如俄罗斯克拉斯诺亚尔斯克斜面升船机，总布置图如图 1.9 所示。

升船机由上、下游引航道及导航建筑物，上、下游斜坡道，船厢车和坝顶的斜坡式转盘等组成。船厢车在两侧各设两排水平布置的齿轮，沿斜坡道上的四条齿轨爬行。齿轮通过液压系统均衡供油的液压马达驱动。由于船厢车通过斜坡式转盘换向后直接过坝下水进入引航道，船箱一端封死，只在朝向引航道的一端设一道闸门。坝顶转盘另设机械驱动。

自爬式斜面升船机示意图，如图 1.10 所示。

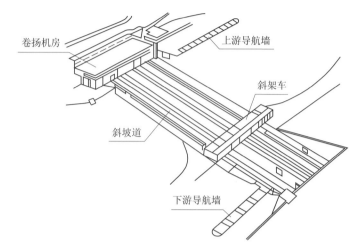

图 1.8 卷扬机牵引横向斜面升船机示意图

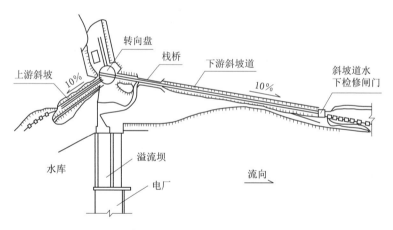

图 1.9 克拉斯诺亚尔斯克斜面升船机总布置图

1.2.3 技术比较

国内外升船机型式比较的重点主要包括：①升船机设备和过坝船舶的安全可靠性；②主要技术问题解决的难易程度；③运行管理工作与维修的方便；④工程量和造价的合理性。

从升船机发展的趋势看，全平衡齿轮齿条爬升式垂直升船机和全平衡钢丝绳卷扬提升式垂直升船机，将是今后垂直升船机的两种基本型式。全平衡齿轮齿条爬升式垂直升船机将是特大型升船机的主要型式，适应我国超高水头通航建筑物的大运量快速过坝需求。

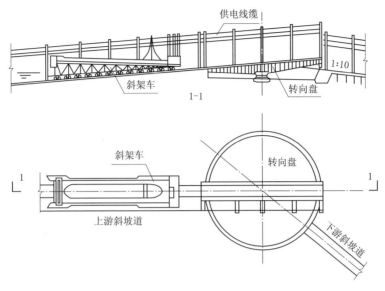

图 1.10　自爬式斜面升船机示意图

1.2.3.1　垂直升船机

在目前世界上已建的升船机中，垂直升船机占大多数。在垂直升船机中，又以湿运平衡重式升船机占大多数。这种型式的爬升及事故安全系统，以往主要采用星轮齿条爬升装置和螺母、螺杆事故安全装置。这种型式升船机的主要优点是机构运行安全可靠，运行管理方便，升船机的主要设备和附属机构的设计、制造、安装和运行，在世界上有较为成熟的经验。但对升船机机电设备制造、安装的精度要求较高。

浮筒式垂直升船机由于将承船厢通过刚架支承在竖井中的浮筒上，承船厢的重量和提升高度受到一定限制，因此只适用于通航建筑物的规模和提升高度不太大的水利枢纽。升船机的驱动装置螺杆和螺母磨损较快，更换周期较短，浮筒系统和提升机构并不理想，除德国在早期被采用外，近年未见被其他工程继续采用。

近年来，用钢丝绳卷扬机提升承船厢，用制动器和夹轨装置等，实现事故安全制动的湿运平衡重式垂直升船机建成较多。这种垂直升船机的主要优点是在保证升船机运行安全可靠的同时，驱动和事故安全设备制造安装的难度相对较小。但目前这种型式升船机，投入运行的时间不长，实际运行的经验尚待逐步积累。

干运桥机式垂直升船机的显著优点是布置、结构、机电设备和运行程序都十分简单、其主要设备与通用的起重机类似，在技术上十分成熟，通过承船架下水，可以很方便地适应上、下游水位的变化，升船机可在已经建成工程上续建，十分适合于已建水电工程，在解决闸坝碍航问题时采用。其主要缺点是升船机的事故安全装置比较设备需要的功率和耗电量大，限制了过坝船舶的吨位，且通常采用干运的承船架，在吊运过程中，对船舶的结构会有一定的不利影响。

世界大型垂直升船机主要技术指标见表1.1。

1.2.3.2 斜面升船机

在地形合适时，大型斜面升船机可以明显节省工程量和造价，与垂直升船机悬吊在空中运行相比较，承船厢沿斜坡道运行更有安全感，但由于升船机在适应上、下游水位变化和在遇到事故停电时，实现安全制动方面明显不如垂直升船机，故在升船机型式比选中，往往处于不利地位。但在地形适合和上、下游水位变幅不大，升船机的供电电源有可靠保证的情况下，这种升船机型式，可以获得较好的技术经济指标。

干运的斜面升船机于20世纪60年代初被我国汉江丹江口水利枢纽的第二级升船机采用，建成至今运行情况良好。这种型式升船机除具有与上述干运桥机式垂直升船机大致相同的优、缺点外，与干运桥机式垂直升船机相比较，其优点是用斜坡道代替了承重排架，使土建结构得到了简化。缺点是在有泥沙的河道上，升船机斜坡道水下部分的泥沙淤积，影响斜船架的水下运行，需适时进行清淤；斜坡道钢丝绳的托辊很易磨损，需经常更换。但这种升船机型式在地形适合，上、下游水位变幅较大的中、小型工程中，仍有较大使用价值。

横向斜面升船机的技术特点和适用情况，相对地较纵向斜面升船机能适应更陡的坡度，斜坡道的长度相对较短，在相同的加速度情况下，承船厢内的水面波动相对较小。

纵向自爬式斜面升船机的斜船架可利用自身装备的动力沿斜坡道爬行，且斜架车可利用坝顶的转盘换向后直接下水，对地形和上、下游较大的水位变幅的适应能力相对较强，在万一发生事故时，斜船架的安全制动能力，较卷扬机牵引式斜面升船机为强。缺点是升船机驱动设备需要的功率大、造价高、使用寿命短，由于自爬，斜坡道的坡度不宜太大，因而，升船机的线路较长，船舶进、出船厢的难度较大，船舶出船厢需倒行，出船厢后需调头，过船效率相应较低。

世界大型斜面升船机主要技术指标见表1.2。

表 1.1　世界大型垂直升船机主要技术指标一览表

项　目		罗特赛	尼德芬诺	老享利兴堡	吕内堡	斯特勒比	三峡	向家坝
型式		浮筒式	平衡重式	浮筒式	平衡重式	平衡重式	平衡重式	平衡重式
河流		德国中德运河–易北河	德国霍亨索伦运河	德国多特蒙德–埃姆斯运河	德国易北支运河	比利时中央运河	中国长江	中国金沙江
水位差/m		18.67	36	14.5	38	73	113	114.2
过船吨位/t		1000	1000	1350	1350	1350~2000	3000	1000
船箱尺寸/m		85×12×2.5	85×12×2.5	90×12×3.0	100×12×3.5	112×12×4.15	132×23.4×10	125×16.4×7.5
船箱带水总重/t		5400	4251	5000	5800	8800	15500	8150
升降速度	正常速度 /(m/s)	15	0.12	15	24	20	0.20	0.2
	加（减）速度 /(m/s²)	—	0.006	0.01	0.012		0.01	0.01
主提升设备功率/kW		350	220	4×110 直流	4×160 直流	4×500 交流	8×315 交流	8×315 交流
运行间隔时间		—	—	单向过船一次的时间 20min。双线每线升船机独立运行	船舶双向过机一次的时间为 34min		船舶双向过机一次的时间为 45min	船舶双向过机一次的时间为 45min
建成年份		1938	1934	1962	1975	2001	2018	2019

表1.2　世界大型斜面升船机主要技术指标一览表

项　目	隆科尔	阿尔兹维累	蒙代斯	克拉斯诺亚尔斯克	丹江口
型式	纵向全平衡式船厢不下水	横向全平衡式船厢不下水	水坡式	纵向自爬式船厢下水	纵向卷扬式船厢下水
河流	比利时沙勒乐瓦-布鲁塞尔运河	法国马恩-莱因运河	法国加龙支运河	俄罗斯叶尼塞河	中国汉江
工作水头/m	67.83	44.55	13.30	101.00	41.00
过船吨位/t	1350	350	400	2000	300（干运）民船、机动船（湿运）
船箱尺寸/m	91×12×3.7	42.5×5.5×2.52	水坡宽度6m，水挡板前水深3.75m	90×18×2.2	承船架32×10.7，承船箱24×10.7×0.9
船箱带水总重/t	5200	894	1750（形水体重量）	6720	360（最大牵引重量）
运动速度　正常速度/(m/s)	1.2	0.6	1.4	1.00（上行）1.33（下行）	0.5
运动速度　加（减）速度/(m/s²)	0.01	0.02	0.01	0.008	0.05
斜坡道坡比	1:20	1:2.45	1:33.3	1:10	1:7
钢丝绳安全系数	8.00	5.00			8.35
卷筒或绳轮与钢丝绳直径比	5500/55=100	3300/28=113			2600/56.5=46
主提升设备功率/kW	750	150	1500	8000	400
运行间隔时间	升船机为双线双线运行，每线独立运行。单向过机一次50min	可同时有两个船厢运行	水板漏水量300m³/h	上、下游水位变幅为13m和6.5m。双向一次过机时间93min	下游水位变幅5.75m。卷扬机牵引改用摩擦驱动
建成年份	1967	1969	1973	1976	1973

1.3　国内外研究动态

升船机集控室、上下闸首、塔柱及船厢等部位都广泛布置有大量配电设备与电气线路，发生老化短路均有可能引发火灾。同时升船机主要为大型客船提供快速过坝通道，过机船舶内部可能存在可燃装饰材料、厨房炉灶燃料、棉被等易燃物品，火灾隐患大。

升船机左右两侧承重塔柱与船厢形成相对封闭的狭窄空间，一旦发生火灾，烟气在有限空间内蔓延，难以扩散，有毒烟雾容易积聚，增大人员伤亡概率。同时，升船机在运行过程中为垂直升降，不同于地面建筑，一旦发生火灾，消防扑救困难。由于救援距离较远，救援途径与人员疏散途径重合，可能因突发事故造成延误，更加增加了外部救援难度。

因此，亟须坚持"预防为主，防消结合"的方针和"确保重点，兼顾一般，便于管理，经济实用"原则，力求"自救为主和他救为辅"相结合做好消防设计，发掘特大型升船机火灾蔓延与烟气扩散规律，计算不同火灾情景的疏散时间，评估论证疏散通道的安全性，提出升船机疏散方案优化方法，制定完善的火灾等突发事故紧急预案，为解决特大型升船机火灾应急疏散提供依据。

1.3.1　火灾烟气模拟

火灾的孕育、发生和发展包含着流体湍流流动、相变、传热传质和复杂化学反应等物理化学作用，涉及物质、动量、能量和化学组分在复杂环境中相互作用下的三维、多相、多尺度、非线性的动力学过程。通过实验只能进行局部、有限的测定，难以对整个建筑火灾过程进行再现。另外，从某种意义上来说，火灾实验是破坏性的，因此计算机数值模拟已成为火灾研究的一个十分重要的手段。自20世纪90年代起，随着计算机技术的飞速发展，结合了流体力学、传热学和数值分析等多方面理论的计算流体动力学技术获得了长足的进步，计算方法更加完善，促生了许多有针对性的专业应用软件，如CFX、FLUENT、FDS等。FDS技术也成为火灾科学研究的重要手段，被广泛地应用到火灾烟气发展以及通风等分析中，并取得了大量的实用性研究成果。目前，火灾烟气流动计算模拟方法可分为场模拟、区域模拟和网络模拟三大类，以及由此衍生的场区模拟、场区网模拟和场区场模拟等。高层建筑与一般建筑的主要区别是有很多楼梯间、电梯井等竖向通道，因此，欲寻求高层建筑中有效的烟气控制方法，首先要对高层建筑内竖井中的烟气流动规律，尤其是烟囱效应产生的临界条件等进行系统的研究，这对于指导防排烟设施的安装，减少烟气对建筑内人员的影响，都有极其重要的意义。

多年来，国内外对于竖井内的烟气流动进行过一些研究工作，研究重点放在烟囱效应方面。例如在20世纪80年代中期，加拿大国家研究院在渥太华建造了一座 10 层火灾研究实验塔，用于开展烟气控制系统的全尺寸实验研究，并出版了《烟气控制系统设计》一书，其内容包括烟气控制系统基本概念、计算机分析、楼梯间加压、区域烟气控制以及一些可接受的测试方法等，这样暖通工程师们在进行烟气控制系统设计时，就有理可依，减少了盲目性。他们的主要研究对象为烟气在竖井内流动的稳态过程，没有讨论烟气开始进入竖井并且在竖井中上升的动态运动过程，因而也就无法有针对性的分析烟囱效应的产生机理。有些研究者从能量、动量和质量的守恒定律着手，对烟囱效应的特点进行了分析，并建立了流动模型。大部分理论模型中均从竖井内气流温度着手，假设竖井内温度均一，但实际上由于竖井壁的导热作用、火源辐射和羽流卷吸等条件影响下，竖井内烟气温度的这种假设不够合理，而且缺乏不同条件包括火源位置、竖井结构形式等下的适用性。1995 年 Zukoski 对绝热竖井内的烟气运动规律进行了较细致的分析，并结合盐水实验建立了烟气羽流充填的动态模型，他把竖井内的烟气分为三个区域，由下到上分别为自由上升羽流区、过渡区和湍流混合区。直到最近，自由上升羽流部分与壁面的相互作用、湍流混合区域的羽流和壁面的导热问题还没有得到很好的解决。2000 年，Tanaka 等人建立了一套小尺寸竖井实验台，对竖井内烟气羽流特性进行了一些实验研究，并结合前人做过的一些实验成果，利用简单的量纲分析提出开放竖井内烟气羽流上升时间的确定因素。但是未能很好地解释封闭竖井情况下的羽流上升速度问题，也没有揭示开口条件对羽流的影响。

近几十年来，高层建筑的防排烟控制技术也得到了较快的发展。1992 年由美国暖通空调工程师协会（ASHRAE）和防火工程师协会（SFPE）共同出版了《烟气管理系统设计》修订本，从烟气控制到烟气管理，在内容上得到了极大的丰富和更新。1995 年，John 等人总结了前人的研究成果，并结合自己的理论，系统地阐述了建筑内的烟气流动规律，包括加压送风的概念、烟囱效应、活塞效应、临界速度等，为高层建筑内防排烟系统的设计提供了理论依据。1982 年伴随着《高层民用建筑设计防火规范》（GBJ 45—82）的颁布试行，我国高层建筑烟气控制领域研究日益引起业界同行的广泛关注。随着一些中外合资的高层民用建筑和独资建设的高层公共建筑的大量兴建，国外的先进设计经验得以交流与借鉴，防排烟设计逐步走向规范化、成熟化。2014 年正式颁布实施《建筑设计防火规范》（GB 50016—2014），使得防排烟设计更加完善。

1.3.2　人员应急疏散

国内外针对建筑物室内人员疏散、楼梯疏散及楼梯电梯协同疏散问题展开了诸多研究，房间内人员疏散较为典型的研究点集中在人员在房间出口处的疏散瓶颈效应和人员的出口选择问题。Perez 等展开了单元房间内高人员密度条件下的人员疏散研究，结果发现大量人员聚集在房间出口处形成了拱形分布，其中拱形的具体形状和出口之间的间距有关，随着出口间距的增加，出口处从呈现相互重叠的拱形变化至独立的拱形，当出口间距增加至出口靠近房间边缘时则呈现半拱形；赵道亮等利用二维元胞自动机随机模型模拟研究了单元房间的出口宽度、出口数量、出口间距、人员密度等参数对人员疏散时间的影响，结果表明出口的总流量与出口宽度之间满足三次函数关系，房间两个出口布置在同侧时出口最佳间距为该侧宽度的 1/3，对称的出口布置模式更有利于促进人员疏散；Nagai 等改变室内光线条件，通过实验手段研究了房间处于黑暗条件下时人员在不同出口设置模式下的人员疏散规律；牟宏霖利用数值模拟的方法研究了单出口房间的人员总数、出口宽度以及双出口条件下的出口选择概率对房间内人员疏散时间的影响展开了系统研究；Gwynne 等对火灾事故发生后人员的出口选择特点进行了调查研究，发现当某一出口有高温烟气威胁时人群会倾向于选择其他出口进行疏散，并将这一特点用于疏散模型的改进中；朱孔金等利用元胞自动机研究了常规教室的出口开口方向、开口位置、室内过道和桌椅类障碍物分布等对人员整体疏散效率的影响，对教室等场所布局提出了有利于疏散的建议。

在此基础上，朱孔金在某校教学楼的多障碍物教室开展了大型疏散实验，研究不同的人员初始分布、是否考虑群体行为以及警报器是否正常报警等因素对人员疏散时间、教室的出口选择比例以及楼梯选择比例等的影响；Yanagisawa，Kirchner 等纷纷提出如果在出口处的适当位置放置适当大小的障碍物相比没有障碍物时反而能够促进人员疏散进程，因为障碍物能够起到人群分流作用，以缓解人与人之间的拥挤；Frank 等则认为出口处放置障碍物并不总能促进人员疏散，这和障碍物相对出口的位置、障碍物的尺寸大小以及障碍物的形状有关。

前人对楼梯区域的疏散研究主要集中于楼梯上的疏散行为、人员汇流研究以及楼梯结构对疏散的影响等。Patricia L. Jackson 等为了调查楼梯事故发生的影响因素，深入分析了数十起楼梯事故案例，结果发现此类事故之所以发生多是因为楼梯自身尺寸存在差异，并且男女之间的性别差异也是造成事故发生的重要原因；Templer 针对影响楼梯事故的主要因素进行了深入研究，结果发现男性发生楼梯事故的比例要小于女性，这可能是因为女性多携带背包物品，不便于跑步上下楼；Hoskins 对楼梯间人员运动的主要影响因素进行了研究，结果发现大致包括楼梯结构、人员特性、运动特点、环境条件、行人相互作用等 5 类；Pauls 通过观察楼梯上的人员疏散行为，提出了楼梯疏散的"有效宽度"这一概念；Fruin 通过实验观察楼梯间人员运动特性，测量得出人员在水平地面和楼梯间运动的一些基本参数如行走速度等；TakuFujiyama 围绕楼梯坡度与人员在楼梯上的运动速度之间的关系展开了实验研究，结果发现楼梯运动速度与楼梯坡度大致呈现线性关系，且楼梯坡度如果越大，楼梯运动速度会越小，这是因为坡度的提高会增加人们的运动难度；Jiang C.S. 通过实地观察中国地铁站内楼梯上的人员运动过程，表明人员在拥挤情况下的上楼速度最大值约在 0.79m/s；Pauls 通过长期的楼梯疏散运动观察，提出当来自楼层的人员与来自上层楼梯的人员在中间平台处发生汇流时，楼梯人员会对楼层人员产生一种顺从行为，也就是说楼梯人员发现楼层人员进入楼梯间后会出现避让行为，进而导致在较短的一段时间内楼层人员与楼梯人员的汇流比例大致在 2 : 1，也就是说楼梯平台处的汇流行为相对而言更有利于楼层人员的疏散；Hukugo 等开展了楼梯间人员汇流的实验研究，分别设计了三种初始人流设置情况：楼梯人群先形成稳定人流、楼层人群先形成稳定人流以及两股人流同时到达楼梯平台再汇流，实验结果表明当楼梯人群与楼层人群同时到达楼梯平台再汇流时楼层人群更具备疏散优势；Galea 等采用数值模拟手段定量研究了楼梯和楼层的相对位置对楼梯间人群汇流过程的影响，结果发现楼层人员进入楼梯间的速率会受到楼梯下行人群密度的影响，并且当楼层进入楼梯间的入口靠近上行楼梯时更有利于楼梯间汇流；王群等利用 Pathfinder 软件模拟研究了 5 种楼梯间入口设置方式对高层建筑人员疏散效率的影响，模拟结果与前人的研究成果一致，当楼梯间入口靠近上段楼梯更有利于疏散进程；丁元春利用 Pathfinder 疏散软件模拟研究对比了两种比较典型的楼梯梯形的疏散过程，结果发现正常情况下双分楼梯相比双跑楼梯具有更高的疏散效率；郭海林等模拟研究了楼梯间障碍物对某多层学生公寓人员疏散时间、出口流量以及疏散路径选择的影响，结果发现楼梯间有障碍物的情况下人员疏散效率会大大降低，并且障碍物位置会影响到人员对疏散路径的选择，障碍物位置处也容易形成疏散瓶颈。

目前国内外火灾事故中顺利使用电梯完成疏散的案例已有多起：1974 年巴西圣保罗市的焦马大楼突发火灾，该楼总共 25 层，在火灾初期将近 300 名人员通过多部电梯成功疏散出去，电梯疏散生还者占总生还者的 71%；1996 年日本广岛 Motomachi 高层住宅公寓发生火灾，将近半数人员通过电梯成功疏散，大概 7% 的人员混合交替使用电梯和楼梯完成疏散。2001 年的美国"9·11"恐怖袭击事件中通过电梯成功疏散的人员超过 3500 人。

虽然国内消防规范目前禁止火灾时使用电梯进行疏散，但是部分国外的消防规范（如 IBC）规定"具备防火安全和疏散预案的电梯可用于人员的紧急疏散"。国内外诸多案例显示出电梯疏散的优越性，很多学者针对高层建筑的电梯疏散可行性以及电梯楼梯混合疏散模式等展开了深入研究：Bazjana 于 1974 年提出了竖向疏散的"另一个安全出口"问题，认为疏散楼梯的存在不能满足高层建筑的疏散需求，简单分析了电梯作为竖向疏散另一路径的可行性；Klote 等考虑到火灾情况下使用电梯的危险因素，针对通过正压送风保护火灾情景下的电梯井安全进行了可行性研究；Kinsey 等则通过问卷调查的方式调查了高层住宅楼居民对于使用电梯进行疏散的看法，调查结果发现人员居住的楼层越高、人员的年龄越大则越愿意使用电梯进行疏散；张虎南对于消防电梯的设置位置进行了深入调研，提出应当在超高层建筑的避难层设置消防电梯用于安全疏散；胡传平等对目前电梯疏散涉及的计算机模拟、电梯井烟火保护等方面展开了系统回顾，并就电梯疏散未来的发展趋势和研究方向进行了整理；丁元春利用 Pathfinder 疏散软件研究了电梯楼梯耦合疏散模式，并得出一些典型参数如建筑高度、人员数量、电梯数量和电梯加速度等对耦合疏散时间的影响规律；董肖肖将 CCRP 算法扩展至人员疏散领域，在此基础上开发出高层建筑楼梯电梯协同疏散网络模型。

1.3.3 应急救援决策

国内外对于高层建筑火灾情况下的楼梯、电梯混合应急疏散策略研究仍然处于起步阶段。20 世纪 90 年代，由美国综合服务管理局（the General Services Administration，GSA）资助的电梯用于办公类建筑疏散的可行性研究项目组采用 Basic 语言开发了电梯疏散模型（ELVAC）。同时研究表明，某 4 座建筑利用楼梯、电梯共同疏散可节省 10％～50％的疏散时间。在高层建筑中，全部人员利用电梯疏散的时间是全部人员使用楼梯疏散时间的 2.3～2.5 倍，而楼梯、电梯的不同组合却能大大减少疏散时间。因此，楼梯、电梯混合疏散策略是近年来高层建筑人员疏散的研究重点。

国内外学者在已有疏散理论的基础上，对高层建筑的疏散策略做了很多研究。Bukowski 指出应在高层建筑疏散中充分利用楼梯、电梯和避难层等设施，并提出了一些疏散方法。Koo 等研究了高层建筑中残疾人均匀分布和随机分布两种情况对疏散时间的影响。Enrico 等提出了对疏散人员应利用敏感性分析和安全系数等方法来解决假设产生的不确定性因素，以获得可靠的定量分析。黄治钟提出了发生火灾时建筑内的电梯如何停靠的紧急运行状态控制逻辑。唐春雨、张鹏等提出了高层建筑人员疏散时应考虑楼梯结合电梯的混合疏散策略。胡传平等针对某 20 层住宅公寓，采用电梯疏散 ELVAC 模型和楼梯疏散 SIMULEX 模型，对不同疏散方式进行了计算，得出电梯用于人员疏散需要一个适当的楼层，且应该考虑混合疏散策略。陈海涛等在前人研究成果的基础上建立了新的疏散模型，并计算了两种电梯运行方案下的疏散时间，指出高速电梯可提高疏散效率。杨昀和于彦飞在原有疏散模型的基础上设计了楼梯、电梯混合疏散模型，研究了楼梯、电梯耦合条件下的人员疏散规律，得出在不考虑火灾情况和其他参数不变时的最佳疏散模式与疏散人数关系不大，与建筑高度呈正线性相关的结论。朱惠军利用 Steps 仿真软件对某一高层建筑模拟了楼梯疏散和电梯辅助疏散两种场景，得出利用电梯辅助疏散能大大减小疏散时间，并指出应设置高速穿梭电梯加快疏散。郭海林等利用 Pathfinder 软件对某一高层建筑进行了疏散模拟，结果表明楼梯结合电梯的疏散方式能有效缩短疏散时间。张筠莉等利用自己建立的楼梯疏散模型和电梯疏散 ELVAC 模型，通过 Matlab 软件确定了某 22 层建筑在不同楼梯、电梯数量情况下，混合疏散策略的最佳疏散人数比例。董骊针对电梯疏散系统，利用 Matlab 软件对所设计的模糊电梯群控系统的群控调度算法进行了仿真，结果表明，同传统的集选控制系统相比，平均乘梯时间、平均候梯时间、长时间候梯率和电梯能耗均有所降低。伍东在以往楼梯疏散时间计算公式和电梯疏散时间计算公式的基础上，计算了混合疏散及仅用楼梯疏散的时间，指出混合疏散耗时较短。姜阳提出了全员疏散、分阶段疏散、延迟疏散和就地保护等疏散策略，利用 Pathfinder 分析了电梯在不同高度避难层停靠时的数量配置问题，优化了楼梯结合电梯的混合疏散策略。刘文硕提出了若干疏散策略，划分成若干电梯疏散分区，每个区域设定好特定的电梯用于疏散，且每个区域的最低楼层设定为电梯停靠层，较低区域整体划分为楼梯疏散层，并针对某 12 层建筑运用遗传算法进行最优疏散方式的解析。王云龙发展了一种楼梯与电梯协同疏散的动态优化网络模型，可自动算出楼梯与电梯协同疏散时的最佳人员分配比例，并利用数值模拟的方法，研究了楼梯宽度、电梯荷载、电梯速度、电梯开关门时间和电梯加速度等对整体疏散时间的影响。曹奇等人通过数值模拟的方法研究了电梯辅助疏散时对疏散时间的影响参数，得出了电梯疏散人数占总人数的 40% 时，混合疏散时间最短的结论。

1.3.4 应急效能评价

快速、及时的应急响应是应急救援的必然要求，评估应急响应效能是不断提高应急救援能力的关键环节。实践中，往往采取加强对突发事件应急预案的日常演练和事故事后总结的定性方法来提升其应急响应能力，定量分析全过程应急响应效能方法还在不断探索研究中。

目前，已有专家学者分别从应急空间装备体系、应急机动通信、应急医疗救援等方面评价应急效能。比如吴钰飞开展应急空间装备体系效能评估，甄别影响效能指标的主要因素。吴伟在应急机动通讯系统的活动特点和影响因素分析基础上，构建评价系统效能的指标体系。沈烈详述应急医疗救援急救分队的组建要求，分析救援队应急效能表现内容。同时，也出现了基于决策树方法、效用聚合理论、灰色多层次理论和云模型等多种理论的应急效能评估方法。比如赵林度采用决策树方法，以提高应急管理关键控制点确定的准确性。黄炎焱提出了突发事件应急效能的概念，并建立了一个基于效用聚合的突发事件应急预案的效能评估方法。张英菊综合运用灰色系统理论和多层次分析法建立了基于灰色多层次评价的危化品泄漏事故应急效能评价模型。吴天爱利用云模型能够处理不确定性和模糊性因素的优势，提出了基于云模型的人防物资储备体系效能评估方法。然而，研究大多局限于应急响应的某一阶段优化，缺乏对应急响应的全过程系统整体优化，致使应急响应系统往往不能充分发挥整体效益。

对此，众多学者也开展了应急响应全过程效能评价研究，邓芳基于"解决冲突，有序协同"的理念，提出协同应急响应方法，建立协同效率评价模型。徐振潇构建应急资源帕累托最优理论模型，使有限的应急资源得到最优配置，达到提高应急处置效率的目的。以上均为处置时效和事故损失等影响评价应急响应效果的重要指标研究提出相应的应急响应优化措施和建议，对于应急响应效能分析具有重要参考意义，但较为缺乏从应急响应的某一阶段或是全过程的单一指标进行效能评价，很难真实反映应急响应全过程效能。

1.4 研究方法及路线

为解决特大型升船机火灾疏散难题，首先分析升船机布置、消防措施及不同火灾场景下的烟气扩散规律，建立基于 Simulex 的升船机人员疏散模拟模型，提出调节控制承船厢的停靠位置、协调电梯楼梯联合疏散比例、优化垂直疏散路线流量分配等升船机疏散方案优化方法，制定火灾等突发事故紧急预案，建立多部门联动的协同应急决策与应急效能评价方法。技术路线如图 1.11 所示。

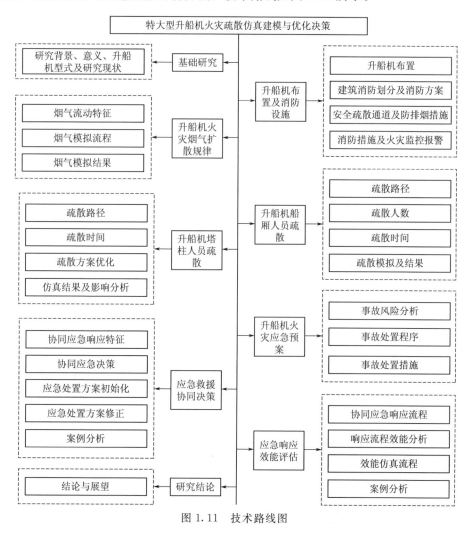

图 1.11 技术路线图

第 2 章　升船机布置及消防设施

升船机布置及消防设施是确保建筑物消防安全和人员疏散安全的基础，根据升船机机构布置合理设置消防设施，能够有效提高建筑物的安全系数，防止火灾发生以及发生火灾后及时发现、控制和消灭火灾。因此，以三峡升船机为例，由升船机布置入手，制定升船机消防总体方案，确定升船机各部位耐火等级与防火分区，分析升船机安全疏散通道，设置事故防排烟系统，建立主要构筑物消防措施，设计火灾自动报警及联动控制系统。

2.1　三峡升船机布置

三峡升船机由上游引航道、上闸首、船厢室段、下闸首、下游引航道几部分组成，具体功能见表 2.1。

表 2.1　　　　　　　　　　三峡升船机各组成部分具体功能

名　称	作　用
上游引航道	防止风浪和水流对船舶航行产生不利影响
上闸首	挡水和通航，防止风浪和水流对船舶航行产生不利影响
船厢室段	塔柱承载机房、提升设备、船厢、平衡重等与上、下闸首连接，围成船厢室
下闸首	挡水和通航，防止风浪和水流对船舶航行产生不利影响
下游引航道	保证航道内及出口处有良好的航行条件

2.1.1　引航道

升船机上游引航道与双线五级船闸共用，上游引航道开挖高程 130.00m，运行期最低通航水位 145.00m，清淤高程 139.00m。引航道右侧设有支墩式浮式导航堤，浮堤长 130.60m。此外，距上闸首 253m 处设有 4 个间距 30m 的靠船墩，用于升船机双向运转时船舶停靠。三峡升船机上游引航道及其附属建筑物布置如图 2.1 所示。

上、下游引航道的涌浪条件直接影响升船机船厢的水深。水力学试验表明涌浪高度随流量的增大而增大。当船闸单线充水及双线同时充水时，升船机上闸首前的涌浪均为 $-0.5\sim0.5$m，双线同时充水时涌浪最高可达 0.77m。由于实际运行中船闸双线同时充水的概率小，并且在升船机运行前可在原型观测分析的基础上采取相关措施，保证上闸首前的涌浪高度为 $-0.5\sim0.5$m。

图 2.1　三峡升船机上游引航道及其附属建筑物布置

2.1.2　上闸首

上闸首同时兼有挡水坝功能，在正常运行工况下可适应幅度达 30m 的水位变化。根据设备布置及闸首稳定的要求，上闸首顺水流向在建基面长 125m；根据闸首底板预应力锚索布置的需要，在高程 130.40m 以上向上游悬挑 5m。上闸首垂直水流方向总宽 62m，其中航槽宽 18m，航槽两侧边墩挡水部分宽 22m，后部宽 19m。上闸首顶面高程 185.00m，航槽底板高程按上游最低水位145.00m、最小水深 4m 确定为高程 141.00m。上闸首自上游到下游依次设有挡水门槽、辅助门槽和工作门槽。

上闸首自上游到下游依次设有挡水门、辅助门和工作门，此外还布置有闸门启闭机、泄水系统和活动公路桥等设备。在上闸首航槽顶部布置有叠梁门堆放平台和闸门检修平台。升船机上闸首闸门及启闭机布置如图 2.2 所示。

2.1.3　船厢室段

船厢室段是升船机船厢垂直升降的区域，由承重结构塔柱、顶部机房、船厢及机械设备、平衡重系统以及控制、通信和消防等辅助系统组成。船厢室段建筑物的平面尺寸为 121.00m×57.80m。船厢室底板顶高程 50.00m，在高程 50.00～196.00m 之间为承重结构塔柱，每侧塔柱总长 119.00m，总宽 16m，与上、下闸首净距 1m。

驱动系统齿条和安全机构螺母柱均安装在塔柱筒体部分凹槽内的墙壁上。每侧塔柱内设有 8 个用于容纳平衡重组升降运行的平衡重井。左、右承重结构塔柱

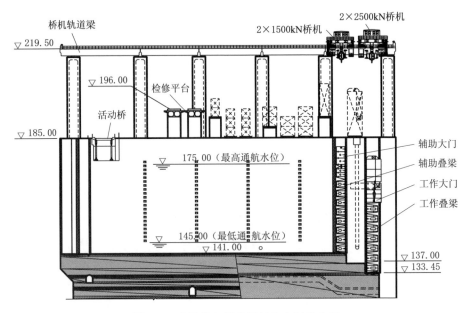

图 2.2　升船机上闸首闸门及启闭机布置

顶部各布置有 1 个机房，左、右塔柱通过控制室平台、参观平台和 7 根横梁实现横向连接。升船机船厢室高程 112.00m、196.00m 平面布置如图 2.3 和图 2.4 所示。

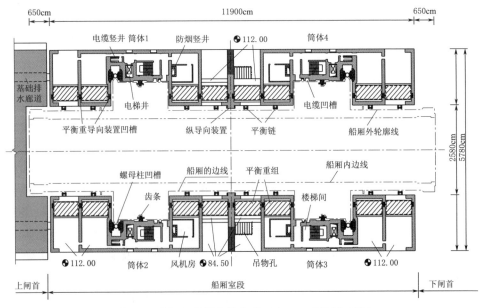

图 2.3　升船机船厢室段高程 112.00m 平面布置图

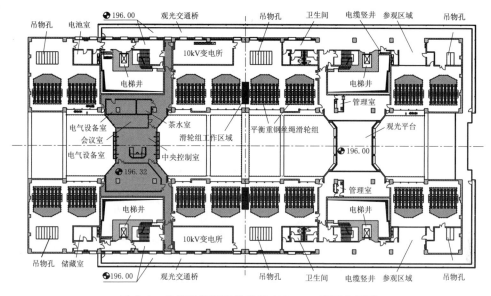

图 2.4　升船机船厢室段高程 196.00m 平面布置图

2.1.4　下闸首

下闸首顺水流方向长 37.15m，垂直水流方向宽 58.40m，顶面高程 84.00m，汽车可以直达下闸首。考虑下游最低通航水位 62m 和最小水深 4m 的要求，航槽底高程 58.00m。下闸首设有工作门和检修门（图 2.5）。工作门为带卧倒小门的下沉式平面闸门，检修门由 8 节 3.25m 高的叠梁组成。升船机运行时，叠梁均堆放在检修门右侧边墩内的 2 个门库中，每个门库可堆放 4 节叠梁。桥式启闭机设于检修门槽和叠梁门库顶部的排架上。在挡水条件下，下游水位的小幅度变化由卧倒小门的高度裕度适应，当卧倒小门不能适应下游水位变幅时，通过调节工作大门的门位适应。正常通航时，工作大门由布置在闸门上的锁定装置锁定在门槽内。工作大门检修时，下放到门槽底部的门龛内。

下闸首检修门由 8 节 3.25m 高的叠梁组成，布置在工作门的下游。升船机正常通航时，叠梁存放于航槽右侧的门库内，当工作门需要检修或遇下游洪水位时，叠梁门吊运到检修门槽内挡水。工作门由 2×7000kN 液压启闭机操作，启闭机油缸采用单作用活塞杆式，竖直安装在门槽两侧的钢结构机架上，启闭速度 0.50m/min。检修门由 2×800kN 双向桥机通过液压自动抓脱梁操作。桥机架设在两条垂直与水流方向布置的轨道梁上，液压自动抓脱梁可适应两组叠梁门的不同重心位置。

2.1.5　船厢

船厢布置在船厢室内，采用盛水结构与承载结构合为一体的自承式结构。根

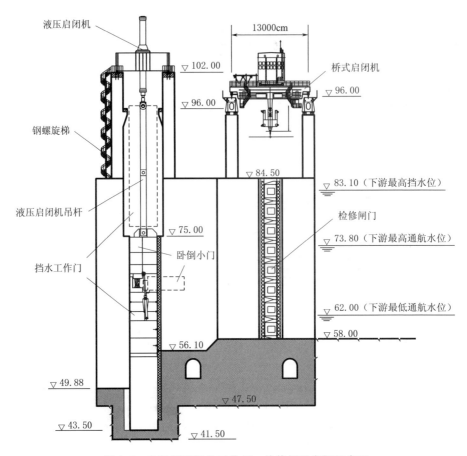

图 2.5　升船机下闸首工作门、检修门及启闭机布置

据船厢运行的功能要求，在船厢上布置了驱动机构、安全机构、纵导向及顶紧机构、横导向机构、对接锁定机构、防撞机构、船厢门及启闭机、间隙密封机构、充泄水系统、液压泵站等机械设备和电气控制设备，此外还布置有现地控制设备、消防系统、照明和暖通设备。升船机船厢设备总体布置如图 2.6 所示。

　　船厢承载结构由箱式主纵梁、主横梁（相应于螺母柱部位和齿条部位）、工字形横梁、底铺板及其下部的 T 形次纵梁、厢头结构及 4 个侧翼结构等组成（升船机船厢结构如图 2.7 所示）。船厢外形总长 132m，标准断面宽 23m，高10m，两端分别伸进上、下闸首 5.50m。船厢有效水域尺寸 120m×18m×3.50m（长×宽×水深），升降时最大允许误载水深±0.1m，对接时最大允许误载水深±0.60m。船厢结构、设备和标准水深的水体总重量约 15500t（其中结构和设备重约 6830t），由相同重量的平衡重完全平衡。船厢内两侧壁上各布置有三道高度 200mm 的护舷，以利于船只进出船厢时保护主纵梁。

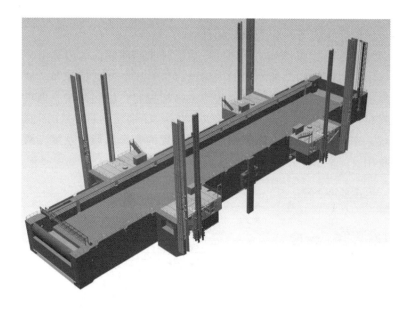

图 2.6　升船机船厢设备总体布置

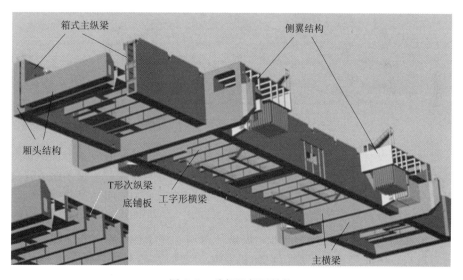

图 2.7　升船机船厢结构

　　船厢的驱动系统和安全机构对称布置在船厢两侧的 4 个侧翼结构上,每个侧翼结构伸入相应的塔柱凹槽内。4 套驱动机构通过机械轴连接,形成机械同步系统。安全机构的旋转螺杆通过机械传动轴与相邻的驱动系统连接,两者同步运行。驱动系统的齿条和安全机构的螺母柱通过二期埋件安装在塔柱凹槽墙壁上。

船厢对接锁定机构布置在安全机构的上方，通过机械轴与安全机构旋转螺杆连接，与安全机构共用螺母柱作为承载构件。

船厢两端设下沉式弧形闸门，闸门开启后卧于船厢底部的门龛内。每扇闸门由两台液压油缸启闭。紧邻船厢门的内侧设有带液压缓冲的钢丝绳防撞装置，工作时钢丝绳横拦在闸门前，过船时钢丝绳由吊杆提起。船厢两端分别布置一套 U 形间隙密封机构（图 2.8）。船厢与闸首对接时，U 形密封框从 U 形槽推出，形成密封区域。在船厢两侧的主纵梁内反对称布置两套水深调节系统，两者同时运行并互为备用。

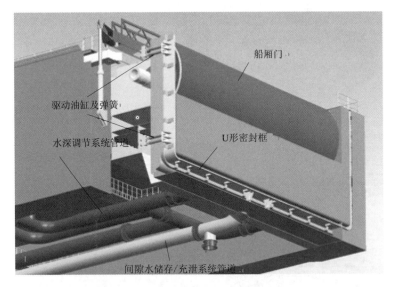

图 2.8　升船机船厢 U 形间隙密封机构

船厢上还设有 4 套横导向装置和 2 套纵导向装置。横导向装置布置在每套驱动机构的下方，除正常导向功能外，还用于承载横向地震荷载。纵导向装置位于船厢横向中心线，除用于船厢的纵向导向外，还用于对接期间的顶紧以及承担船厢的纵向地震载荷。

在船厢两端的机舱内分别布置一套液压泵站，用于操作布置在船厢两端的间隙密封机构、防撞装置、船厢门启闭机及其锁定以及船厢横导向装置的液压油缸。另外，在每个船厢驱动室内还分别布置 1 台液压泵站，用于驱动机构的液气弹簧以及船厢纵导向装置和对接锁定装置的操作。

船厢上设有 10 个电气设备室，用于布置变压器、控制柜、开关柜等电气设备，其中 8 个布置在驱动室的底层，2 个布置在船厢端部的机舱内。驱动系统电机电压等级为 0.4kV，供电电压等级采用 10kV，10kV/0.4kV 干式变压器设在船厢驱动室底部的变压器室内。

船厢上设置了必要的交通通道，运行维护人员可到达船厢上的主要设备区域。在船厢升降途中遇事故紧急停机时，船只上的旅客可自船厢两侧的走道通过布置在驱动室顶部的活动楼梯进入塔柱的疏散通道。

除上述设备外，船厢上还设有消防、照明、暖通等设备。

2.2 消防总体方案

2.2.1 火灾类别和灭火介质

特大型升船机各类建筑物均为钢筋混凝土结构，机电设备主要包括 0.4kV 电动设备、液压启闭设备、10kV/0.4kV 供电设备、弱电控制保护设备等。火灾类别一般为 A 类、B 类火灾和 E 类火灾，故升船机消防灭火介质以水为主，固定式水成膜、干粉等灭火介质为辅，不便于使用水灭火的部位、场所，采用气体灭火。灭火设施主要有：消防车、消防艇、室内消火栓、室外消火栓、防火分隔水幕、气体灭火系统及移动式灭火器等。

2.2.2 消防车道与消防站

升船机上闸首上游端已设一座活动桥，作为坝顶公路的连接通道，消防车可直接到达高程 185.0m 上闸首左、右两侧。升船机高程 84.5m 左侧与下航一路相接，右侧中隔墩经一座跨越冲沙闸的交通桥与下航二路连接，消防车可沿上述公路到达升船机高程 84.5m 平台处。在升船机左、右侧高程 84.5m 平台和 185.0m 上闸首均设有回车场，以方便消防车辆进出。整个三峡枢纽内部的公路宽度为 7.0～12.0m，满足双向车道的规范要求。由于三峡水利枢纽已设置了三峡消防指挥中心（与左岸消防站合建）和右岸消防站，三峡升船机隶属上述两座消防站的管辖范围，不另设消防站或消防车库。

2.2.3 消防供水系统

三峡升船机的消防用水量远较生产（包括船厢补水）、生活用水量大。设计采用消防与生产、生活供水系统共水源、共管网的布置方案，按照消防用水量进行设计，以节省投资，便于管理。

升船机塔柱消防水源有两处：①三峡左岸永久船闸北坡 247.0m 高程高位消防水池（3200m³）；②三峡左岸 215.0m 高程中位消防水池（20000m³）。船厢消防供水系统的水源为船厢厢内水体（船厢容积 7560m³，载船后储水量为船厢容积与船只排水量之差，一般不少于 4560m³）。在高程 247.0m 高位消防水池、高程 215.0m 中位消防水池分别敷设 1 根 D630×10 消防干管、1 根 D529×10 消防干管至升船机塔柱，供给塔柱消防、生产及生活用水；船厢消防干管为 2 根 DN400 的供水管。升船机船厢上消防水枪口处净水压按 35m H_2O 设计，防火分隔水幕喷头水压按 10m H_2O 设计，由船厢上设置的加压泵站提供压力保障。

1. 升船机塔柱供水系统

在升船机上闸首左、右侧高程 182.0m 管线廊道内各敷设有 1 根 D219×7 水管，塔柱左、右侧 D219×7 水管在下游侧高程 196.0m 观光平台处穿过船厢室横管连通，形成供水环网。

升船机供水环网在塔柱左、右侧 4 个楼梯间处各引接 1 根 DN150 供水立管向塔柱消防及生产、生活各用水点供水。左、右塔柱各自的 2 根 DN150 供水立管在高程 145.00m、79.90m 通过 DN150 管沿水流向连通，构成塔柱消防水系统立体供水环网。

升船机塔柱左、右侧 D219×7 供水干管消防用水分别取自于上闸首左、右侧管线廊道内的高位水池供水管和中位水池供水管。即升船机坝段左侧高程 183.24m 管线廊道内 D630×10 高位水池供水干管和 D478×8 中位水池供水干管上各引接 1 根 D219×7 水管与塔柱左侧 D219×7 水管相接；与此相同，升船机坝段右侧高程 183.24m 管线廊道内 D529×10 高位水池供水干管和 D478×8 中位水池供水干管上各引接 1 根 D219×7 水管与塔柱右侧 D219×7 水管相接。

从 D630×10 及 D529×10 高位水池供水干管的水经减压阀减压后引至塔柱供水环网，减压后的水压折合高程 233.0m。为防止高位消防水池给中位消防水池反补水，在 D478×8 中位水池供水干管引至塔柱供水环网的 D219×7 水管上设止回阀。

另外，在 4 根 DN150 消防立管上设置减压阀，减压阀设置位置为高程 149.0m 和高程 86.30m 处，将塔柱消防供水管网分为 3 个供水分区，使每个消防供水分区消防水压满足消防规范要求。

2. 船厢消防供水系统

在船厢左、右两侧呈对角状的两个机房相邻的梁上各安装 1 台 $Q=1550m^3/h$ 的消防水泵（共 2 台，1 用 1 备）和 1 台 $Q=72m^3/h$ 的消防水泵（共 2 台，1 用 1 备），大消防水泵和小消防水泵分别将加压水送至 DN400 环状消防干管和 DN100 消防供水管，其中 DN400 环状消防干管给设在船厢厢体两侧走道防火分隔水幕供水，DN100 消防供水管给设在船厢走道上的 8 只消防水枪（左、右侧各设 4 只）、8 处固定式水成膜泡沫灭火装置（与消防水枪设置一起）供水。

2.3　建筑消防

2.3.1　耐火等级

根据生产场所的重要程度、火灾危险性类别，将升船机各部位建筑物火灾危险性分成三类，构筑物燃烧性和耐火极限均符合《建筑设计防火规范》（GB

50016—2014）的规定，其耐火等级见表 2.2。

表 2.2 　　　　　　　　　升船机各部位火灾危险性类别及耐火等级表

火灾危险性类别	丙		丁		戊	
耐火等级	一级	二级	一级	二级	二级	三级
主要生产建筑物	船厢驱动室、船厢配电室、船厢液压机房	蓄电池室、电缆层、10kV 变电所、电气设备室、集中控制室、电缆竖井	塔柱结构	电梯井及电梯机房、水泵房、储藏室、茶水室、会议室、参观室、	通风机房、卫生间	污水处理设备室、管线廊道

2.3.2 防火分区

升船机塔柱和顶部机房建筑物全部为钢筋混凝土墙体、筒体或钢筋混凝土框架结构的非燃烧体，建筑物的耐火极限均为一级、二级耐火等级。根据升船机塔柱和顶部机房建筑物具体布置情况，其消防分区如下：

（1）按照《建筑设计防火规范》（GB 50016—2014）和《水电工程设计防火规范》（GB 50872—2014）要求，升船机塔柱 196.0m 高程层为一个防火分区，但对易失火的重点场所及有特殊要求的部位，如集中控制室、电气设备室和蓄电池室等，设置防火隔断或防火隔墙、防火门窗、进风口防火阀等进行分隔。

（2）按照《建筑设计防火规范》（GB 50016—2014），升船机左侧塔柱 50.0～196.0m 高程之间各层和各房间按功能设置防火分区。

（3）按照《建筑设计防火规范》（GB 50016—2014），升船机右侧塔柱 50.0～196.0m 高程之间各层和各房间按功能设置防火分区。

（4）升船机船厢全部为钢制结构。根据《建筑设计防火规范》（GB 50016—2014）要求，按各区间的功能设置防火分区。

2.4 安全疏散通道

2.4.1 塔柱对外安全疏散通道

在升船机塔柱两侧 84.0m 高程各设有一条汽车进出的公路，通过左、右侧公路（即下航一路、下航二路）可与三峡水利枢纽左岸公路网相通。该公路宽度不小于 7m，满足双向行车的规范要求。同时，也可从塔柱 185.0m 高程上游出口至升船机上闸首左、右闸墙，经坝顶公路疏散。

2.4.2 塔柱内部安全疏散通道

在升船机两侧塔柱对称布置的 4 个筒体中从 50.0～196.0m 高程均设有 1 个交通竖井，每个交通竖井由 1 部电梯（兼做消防电梯）和 1 处防烟楼梯间组成，4 部电梯和 4 处防烟楼梯间正常情况下竖向连接升船机 4 个塔柱各层的水平交通通道。火灾时，4 处防烟楼梯间作为人员紧急逃生用。以上 4 处防烟楼梯间的宽度满足 700 人紧急疏散的要求。

此外，在左、右塔柱 63.0～182.0m 高程沿高度方向将原初设所定的每隔 6m 设一水平疏散通道缩减到了每隔 3.5m 一个，可确保船厢停在任何位置时与通道连通。每条水平疏散通道靠船厢室侧设一樘防火门。当船厢发生火灾或在升降过程中发生意外停机事故时，船上乘客及工作人员可从船厢两侧驱动机构平台通过共 4 个宽度为 1.25m、最大可调节高度达 3.55m 的疏散楼梯脱离船厢，经塔柱水平疏散廊道再经防烟楼梯间转移至高程 185.0m 坝顶或高程 84.0m 下游平台等远离升船机塔柱的安全地带。

2.4.3　船厢安全疏散

船厢左、右两侧的甲板是船厢的主要交通通道，在左、右两侧均设有楼梯可到达设在船厢上的驱动室及电气室，通过驱动室可进入主纵梁的内腔，并通过底铺板下的交通通道到达船厢头部的机舱。

此外，船厢 4 个驱动室顶部上各设有 1 个最大可调节高度达 3.55m、净宽 1.25m 的可调节疏散楼梯，在船厢升降途中若遇事故紧急停机时，船上的旅客自船厢两侧的甲板可通过布置在驱动室顶部平台的可调节楼梯，进入塔柱的安全疏散通道。

2.5　事故防排烟

根据消防要求，对升船机塔柱所有防烟楼梯间及楼梯、电梯的合用前室设置防烟系统。每个防烟楼梯间或楼梯、电梯的合用前室附近设有从顶到底的防烟竖井，通过风道与 112.0m 高程风机室连通，112.0m 高程风机室各布置了 1 台变频调速防烟轴流风机，每台风量为 40000m³/h，功率 5.5kW，电压 380V。另在竖井上对应每一个平程的合用前室和防烟楼梯间各设置 1 个板式排烟口，通过所设排烟口的大小，保证防烟楼梯间对各用前室的微正压。当升船机任何一个部位发生火灾时，由消防报警系统给出信号，所有的板式排烟口开启，防烟轴流风机启动，从室外抽风并通过通风竖井、板式排烟口送入合用前室和防烟楼梯间，使防烟楼梯间形成 40～50Pa 正压，合用前室形成 25～30Pa 正压，防止外面烟气侵入，便于人员逃生。当防烟竖井内烟气温度达到 280℃时，板式排烟口关闭，并给出信号，消防报警系统关闭防烟风机。

塔柱及船厢上部分机电设备房间，如 10kV 变电所、驱动室等部位均设有排风机，火灾时该排风机则作排烟风机使用，当烟气温度达到 280℃时，消防报警系统关闭排风机。

2.6 主要构筑物消防措施

2.6.1 船厢室段消防措施

在升船机塔柱不同高程上设有集中控制室、10kV变电所、电气设备室、蓄电池室、会议室、参观室、茶水室以及电缆竖井、电缆廊道、防烟楼梯间、消防电梯、观光平台、储藏室、电梯机房、污水处理室、风机房等。根据建筑物特征制定三类消防措施。

1. 设备间消防

在升船机塔柱196.0m高程层及以上设有蓄电池室、10kV变电所、电气设备室、集中控制室、储藏室、电梯机房等房间，在112.0m高程设有风机房，在84.5m高程设有污水处理室。以上各房间的消防措施如下：

（1）以上各房间均配置合适数量的移动式灭火器。

（2）各房间装修材料采用非燃烧材料，进出各房间的电缆孔洞用无机耐火材料封堵。

（3）各结构部件的耐火极限应符合规范一至二级耐火等级的规定。

（4）蓄电池室、10kV变电所、电气设备室、集中控制室、储藏室、电梯机房等房间的门、窗均为乙级防火门窗。

（5）在10kV变电所和电气设备室内均设置HFC-227无管网灭火装置。

2. 电缆竖井及电缆廊道消防

在升船机塔柱的4个筒体中各设有1个从50.0～196.0m高程的交通竖井，每个交通竖井由1部消防电梯、1处防烟楼梯间和1个电缆竖井组成。另在升船机左、右两侧塔柱192.5m高程处各设有一个长度仅为110m的电缆廊道，其中敷设有通信控制电缆和0.4kV/10kV动力电缆，电缆根数最多处（电缆廊道横截面）约115根（动力电缆约100根，通信控制电缆约15根），故在该电缆层内不设置自动水喷雾系统，电缆竖井及电缆廊道的主要消防措施如下：

（1）电缆采用干式阻燃电缆，其氧指数应大于30。

（2）电缆通道每隔120m左右设1个防火分隔，防火分隔上的门为乙级防火门，防火分隔物应采用非燃烧材料，其耐火极限不应低于0.75h；电缆吊架层间设置复合型耐火隔板，并在电缆吊架上每隔50m左右采用防火包设置防火分隔。

（3）电缆穿墙（楼板）及电缆管的所有孔洞均采用防火堵料封堵。

（4）在电缆竖井内每隔50m左右设置1个防火分隔物，电缆竖井各层检修门为乙级防火门。

（5）设置烟感、温感元件的自动报警系统。

（6）在电缆通道的出入口处均配置推车式、手提式干粉灭火器和防毒面具等。

3. 塔柱消防

升船机塔柱消防措施如下：

（1）在塔柱筒体内每座防烟楼梯间与消防电梯的各层合用前室内各设置 1 个带消防软管卷盘消火栓箱，共计 172 个。

（2）在塔柱 196.0m 高程层左、右两侧每隔 30m 左、右各设置 1 个带消防软管卷盘消火栓箱，共计 10 个。

（3）在升船机塔柱左、右两侧 84.5m 高程室外地面上、下游各设 1 套室外消火栓，共计 4 套。辅助消防车或消拖艇对升船机塔柱及下闸首附近失火的船只进行灭火。

2.6.2　船厢消防措施

船厢是升船机消防设计的重点部位，内容主要包括船厢钢丝绳的防火保护、船厢内船只的消防措施以及船厢设备室的消防措施。由于升船机的船厢及其闸门为钢制结构，只有当火灾使得水体全部蒸发后，才可能对钢结构产生影响，故依据世界上升船机的设计惯例，无须采取消防措施。此外，船厢提升齿条、大螺母柱制动机构本身无助燃材料，且远离船厢并被升船机船厢金属结构遮挡，船厢内发生火灾对其影响极小，也不需采取消防措施。

1. 船厢钢丝绳消防

三峡升船机拟在船厢左、右两侧走道上安装带挡板的喷嘴，在钢丝绳前形成防火分隔水幕，减弱船厢火灾对船厢钢丝绳的热辐射，防止钢丝绳因升温过高、强度下降而发生断裂。水幕设计拟覆盖船厢走道上方大约 8.0m 高的钢丝绳，水幕系统的喷水强度为 2L/(s·m)，喷头的工作压力不小于 0.1MPa。当船厢内的船只发生火灾时，由现地按钮或控制室远方操作启动船厢的消防水泵（防火分隔水幕供水泵）供防火分隔水幕喷水保护钢丝绳。

2. 船厢内船只消防

基于升船机不过危险品船只考虑，且船舶在承船厢内滞留时间很短，万一发生火警，初期火灾用船舶自身的消防设备直接灭，已无必要再在中央控制室和观光平台下面设置水喷淋系统；另外，三峡升船机未采用大机房的方案，船厢正上方 196.0m 高程大部分未设楼板，局部设置水喷淋系统，对灭火作用不大，故没有在主机房 196.0m 高程楼板底部水喷淋系统。

此外，船厢左右两侧走道上各安装 4 个带消防软管卷盘消火栓箱和 4 个固定式水成膜泡沫灭火装置。带消防软管卷盘消火栓箱和固定式水成膜泡沫灭火装置基本成等间距布置，能确保至少有两支充实水柱到达船厢和船只的任何部位。每只水枪喷水量约 5L/s，每个固定式水成膜泡沫灭火装置喷泡沫量约 0.5L/s。

在船厢左、右两侧走道上各设置 6 个灭火器箱，共 12 个。每个灭火器箱内设置 4 只手提式 ABC 干粉（磷酸铵盐）灭火器，灭火器箱之间的间距为 22m，以补充或加强灭火效能。

当船厢内的船只发生火灾时，由现地按钮或控制室远方操作启动船厢的消防水泵（消防水枪供水泵）供室内消火栓水枪喷水灭火。消防水枪的枪口能在垂直和水平方向自由摆动，以保证水流能覆盖整个船厢的工作区域。

3. 船厢设备室消防

船厢的驱动机构室、水泵房、液压泵站、电气设备室、操作控制室等处采取如下消防措施：

（1）设置合适数量的移动式灭火器，其中操作控制室内还设置 HFC‐227 无管网灭火装置。

（2）电缆穿越墙体、楼板和配电盘的孔洞处均用防火堵料封堵。

（3）装修材料采用非燃烧材料，各结构部件的耐火极限符合规范规定的一至二级耐火等级的规定，并按规范要求设置防火门、防火窗。

2.6.3 上下游引航道消防措施

上游导航浮堤为 130.6m 长的钢筋混凝土建筑物，布置在升船机右侧；下游主导航墙为钢筋混凝土衬砌式结构，布置在升船机左侧。以上建筑物无可燃物，本身不须设消防设施。三峡升船机上、下游引航道各设 1 艘消防艇，用于升船机处失火船只的灭火支援、故障船只施救（包括尽快将失火和失去动力的船只拖离通航建筑物）、失事船只人员搜救等，并兼顾上下游待航区管理的任务。

对于升船机上下游引航道区域油轮泄漏并引起火灾的极端假想工况，鉴于升船机上下游引航道为静水区，泄漏的着火可燃油品更多的是随同流水扩散，这种极端情况不是工程设计应考虑的设计条件。即使这种情况发生，工业电视可及时发现苗头，利用升船机上闸首检修门（辅助门）、工作门将易燃、可燃油品阻挡在通航航槽内，并控制升船机对接运行，使油品不流进升船机上闸首和船厢的水域，故工程未设置其他的阻油设施和灭火设施。

2.7　火灾自动报警及联动控制系统

三峡升船机的火灾自动报警及联动控制系统具备数据采集功能、安全报警功能、控制功能、系统诊断功能、系统维护功能以及培训功能。系统具有对各探测区域内的各类探测器、手动报警器、消防警铃、消防联动控制设备及其联动控制模块等设备的数据采集能力，可以全面掌握火灾信息和排烟设备的运行工况，并将有关信息送至消防工作站和三峡消防指挥中心，同时对探测区域内的火灾探测器所送的信息进行实时处理，并保证系统正确完成各项信息记录管理、联动控制及声光报警等。

2.7.1　报警及探测区域划分

1. 报警区域

根据升船机的布置特点及防火分区，为系统布线合理及日常运行维护方便，将火灾自动报警系统警戒范围分为以下四个报警区域：

（1）升船机 196.0m 高程层报警区域：将升船机塔柱 196.0m 高程层划分为一个报警分区，警戒范围主要为 196.0m 高程平面的集中控制室、10kV 变电所、电气设备室、蓄电池室、会议及参观室、储藏室、参观区域及电缆通道等。

（2）升船机左侧塔柱 50.0～196.0m 高程之间各层报警区域：将升船机左侧塔柱 50.0～196.0m 高程之间各层及与之连接的上闸首等划分为一个报警分区，警戒范围主要为 50.0～196.0m 各高程层的电梯出站层、电梯机房、风机房、观光交通通道、电缆竖井及上闸首启闭机房等。

（3）升船机右侧塔柱 50.0～196.0m 高程之间各层报警区域：将升船机右侧塔柱 50～196.0m 高程之间各层及与之连接的下闸首等划分为一个报警分区，警戒范围主要为 50.0～196.0m 各高程层的电梯出站层、电梯机房、风机房、观光交通通道、电缆竖井及下闸首启闭机房等。

（4）船厢报警区域：将整个船厢划分为一个报警分区，警戒范围为驱动装置、电气设备室、液压泵房及通道出入口等。

2. 探测区域

按照《火灾自动报警系统设计规范》（GB 50116—2013）的要求，结合本升船机的具体情况，分别在各个报警区域内，按照下列部位作为单独的探测区域：

（1）塔柱。包括集中控制室、电气设备室、电缆通道、电缆竖井、10kV 变电所、电梯出站层、电梯机房、蓄电池室、滑轮室、风机房、会议室等。

（2）船厢。包括驱动室及电气室、电缆通道、液压泵房。

（3）上下闸首。包括上下闸首工作大门、卧倒门启闭机房、活动桥启闭机房、下闸首启闭机房。

2.7.2　系统总体结构

火灾自动报警系统是一套具有智能判别能力，通过计算机对火灾参数、信息处理，保证有可靠报警率的总线智能化系统。该系统能高效可靠地监视探测区域的火情，及时准确地发出报警信号，通过手动或自动装置发出相应的各种控制命令，启动相关的防排烟风机、板式排烟阀门等联动设备并接受反馈信号。

1. 系统构成

根据升船机的设备布置及报警区域划分，本系统采用分层分布式结构，其系统由消防工作站、集中报警控制器、区域报警控制器、火灾探测器、手动报警按钮、声光报警器、联动控制箱及显示和打印终端等设备组成。

三峡升船机4台报警控制器通过C-BUS环网连接，通过M8000消防工作站可在集中控制室控制器浏览三峡升船机各个部位现地报警控制器信息，并能对现地报警控制器发出控制指令。

三峡升船机火灾自动报警系统通过西门子CK11C-BUS环网通信网关，经网络电缆和MK7011环网通信节点设备接入三峡船闸Cerloop环网，将信息传至三峡船闸集中控制室MM8000运行工作站，并经三峡船闸光纤通道将信息上传至三峡消防指挥中心MM8000服务器和119消防指挥平台。

2. 消防工作站

消防工作站为系统的控制中心，具有实时事件管理、查询、存储、显示和历史记录功能，布置在塔柱196.0m高程的集中控制室内，作为升船机火灾自动报警系统的管理中心，将火灾信息传送到三峡船闸和三峡消防指挥中心。

3. 集中报警控制器

在塔柱196.0m高程集中控制室设置1台集中报警控制器，与其他3台区域报警控制器一起构成了三峡升船机集中报警控制系统。此外，集中报警控制器还负责升船机塔柱196.0m高程层区域的火灾探测、报警及联动控制。

4. 区域报警控制器

系统共设置3台区域报警控制器。塔柱196.0m高程集中控制室设置有2台区域报警控制器、船厢上的一个电气室内设置有1台区域报警控制器。3台区域报警控制器分别担负升船机左侧塔柱50.0～196.0m高程之间各层、升船机右侧塔柱50.0～196.0m高程之间各层及承船厢等三个报警区域的火灾探测、报警及联动控制。

报警控制器接受现地探测设备的各类信号，并进行分析处理，确认为火灾已发生后，发出报警信号并控制相应的联动设备启动，同时将火灾信息上送消防工作站。报警控制器与各类探测器及联动模块之间采用报警二总线进行连接。

船厢区域报警控制器与消防工作站之间采用光缆进行通信，其他区域报警控制器与消防工作站之间采用屏蔽双绞线通信。

5. 探测回路

各火灾报警控制器的探测回路均为二总线方式，选用阻燃屏蔽双绞线，各探测总线回路应可连接各种探测器、联动输入/输出模块等设备。

2.7.3 系统设备配置及布置

1. 消防工作站

消防工作站由服务器、液晶显示屏及打印机等设备组成。

2. 报警控制器

每个报警控制器按每条探测回路不少于256个编码地址点考虑，可靠控制最远联动控制模块的距离不少于 1200m；在每个区域分别设置多个总线隔离器，每个隔离器连接编码地址不超过 20 个；设备面板上配置有显示屏、报警信号灯、操作键盘，具有与消防工作站、通用计算机进行通信的能力；配置有紧急供电装置，保证提供系统 24h 正常工作电源。

塔柱的 3 台报警控制器均布置在 196.0m 高程电气设备室，CRT 显示系统布置在同层集中控制室操作台上。船厢区域报警控制器布置在船厢上的电气室。

3. 火灾探测器

火灾探测器主要有感烟探测器、感温探测器、火焰探测器、红外对射式探测器等种类。火灾初期有阴燃阶段，产生大量的烟和少量的热，很少或没有火焰辐射的部位选用感烟探测器，如集中控制室等；火灾发展迅速，产生大量的热、烟和火焰辐射的部位，选用感烟、感温、火焰探测器或组合使用，如液压泵房等；火灾发展迅速，有强烈的火焰辐射和少量的烟、热的部位，选用火焰探测器，如变压器室等；对于房间过高（高度大于 12m）、过长的部位，选用红外对射式探测器，如滑轮室；对于蓄电池室选用防爆型感温和感烟探测器；对于电缆通道、电缆竖井则选用缆式线型感温探测器。

除在每个电梯出站层布置感温探测器、在电缆竖井及各类电缆通道中布置线型缆式感温探测器外，其余探测器的布置为在升船机塔柱 196.0m 高程主机房层报警区域，集中控制室、电气设备室、船厢电气室、上下闸首启闭机房等布置感烟和感温探测器，会议及参观室、茶水室、蓄电池室、内部走道及储藏室等布置感烟探测器，10kV 变电所布置感烟和紫外火焰探测器，滑轮室布置红外对射探测器；在升船机塔柱 84m 高程的各功能房间布置感烟探测器；在升船机塔柱 112m 高程的风机房布置感烟探测器；在船厢电气室及驱动室布置感温和感烟探测器，主要通道等处布置感温探测器，变压器上方及液压泵房布置感烟和红外火焰探测器；上下闸首工作大门卧倒门启闭机房布置感烟和感温探测器，活动桥启闭机房布置感烟和感温探测器，下闸首启闭机房布置感烟和感温探测器。

4. 联动控制

塔柱火灾联动控制的设备有防排烟风机，当升船机任何一个部位发生火灾时，由火灾自动报警系统给出信号，所有防火调节阀开启，防烟轴流风机启动，当火灾扑灭后，通过各自的区域报警控制器手动远控或现地手控对上述设备进行启停。本系统拟选用互动式联动控制模块，占用回路内 2 个地址点，当联动控制模块启动消防设备工作的同时并接收其返回信号，确保消防设备可靠动作。

在升船机两侧塔柱对称布置的 4 个筒体中从 50.0~196.0m 高程均设有 1 部消防电梯，当发生火灾时，联动控制设备将使电梯停于基站（即塔柱下游侧 2 部消防电梯基站为 84.5m 高程，塔柱上游侧 2 部消防电梯基站为 185.0m 高程），且电梯上的按钮被锁定，电梯自动开门，并反馈信号给主控机。

另外，火灾报警联动控制对象还有可远程/现地控制排风风机关闭、防火阀、空调断电、照明断电、图像监控联动、观光电梯、船厢消防水泵、气体灭火等，联动方式根据消防要求设置。

5. 消防电话

三峡升船机集中控制室设有电话总机和调度台，在消防设备集中布置的部位和易发生火灾的部位均设置有调度电话。一旦发生火灾，集中控制室的调度人员可直接与这些部位通话，并可将火灾情况随时通知主管部门。电话设置已满足集中控制室与这些部位间的消防通信要求，故本系统不再设消防专用电话，且手动消防报警按钮旁也不考虑设电话插孔。

6. 消防广播

三峡升船机设置的"通航指挥广播系统"兼有消防广播功能，因此不另外配置消防广播设备。"通航指挥广播系统"将在升船机人员比较集中的地方设置消防广播，并在现地设置带有自动回答功能的消防广播模块，当模块动作后产生一个报警信号送入火灾报警控制器产生报警，表明正常广播与消防广播切换成功。

7. 手动报警按钮

报警区域内每个防火分区至少设置一只手动火灾报警按钮，从一个防火分区内任何位置到最邻近的一个手动火灾报警按钮的步行距离均不大于30m。

在塔柱196.0m层的集中控制室、电气设备室、电梯停站层、滑轮室、电缆通道、会议及参观室等部位的出入口处分别设置手动报警按钮及声光报警器。在船厢的驱动室、电气室、液压泵房、楼梯入口等部位的出入口处分别设置手动报警按钮及声光报警器。

本 章 小 结

升船机主体结构包括引航道、上闸首、船厢室段、下闸首等，船厢室段内部起火类型主要为A、B、E三类，故其灭火介质主要为水，左岸高位和中位消防水池中的消防供水经上闸首的消防车道运至起火位置。根据生产场所的重要程度、火灾危险性类别确定耐火等级，并根据升船机塔柱和顶部机房建筑物具体布置情况设置消防分区。在承重结构塔柱84.0m和185.0m高程处设有疏散公路对外进行疏散，塔柱内部设有由消防电梯和防烟楼梯间组成的交通竖井，竖向连接升船机塔柱内各层的水平交通通道，同时在楼梯、电梯的合用前室设置防烟系统确保内部疏散安全。船厢室段、船厢、上下游引航道各设有消防设施或消防设备同时设置火灾自动报警及联动控制系统，将火灾自动报警系统警戒范围分为四个报警区域，高效可靠地监视探测区域的火情，及时准确地发出报警信号。

第 3 章　升船机火灾烟气扩散规律

火灾中导致人员死亡最多的原因是烟气窒息致死。一方面，由于升船机船厢外形结构类似于巷道，一旦过机船舶着火，火灾烟气和热量难以及时排出，导致热量和火灾烟气在升船机内的蓄积，会给人员造成更严重的伤害。另一方面，由于升船机通风条件差，受其影响可燃物燃烧不充分，在火灾时会产生大量有毒烟气，在浮力的驱动下，火灾烟气将通过升船机内所有的通道进行蔓延。这样人员逃生的通道同时也是火灾烟气蔓延的通道，非常不利于升船机内人员的安全疏散。因此分析火灾流动特征，模拟其流动过程对于保证人员疏散安全具有重要意义。

3.1　烟气流动特征

特大型升船机火灾的危害主要是热量、烟气和缺氧，其中烟气窒息致死是造成人员伤亡的最主要原因。

烟气是升船机本身或者过机船舶的可燃物质在燃烧反应过程中由热分解生成的含有大量热量的气态、液态和固态物质与空气的混合物。它是由极小的炭黑粒子完全燃烧或不完全燃烧的灰分及可燃物的其他燃烧分解产物所组成。烟气对人体的危害主要是燃烧产生的有毒气体所引起的中毒、窒息和对人体器官的刺激以及高温作用。

烟气的流动扩散速度与烟气的温度和流动方向有关。烟气在水平方向的扩散流动速度，火灾初期阶段一般为 0.3m/s，猛烈阶段为 0.5～3m/s。烟气在垂直方向的扩散流动速度较大，通常为 3～4m/s。由于特大型升船机属于高耸建筑，烟气垂直方向扩散速度快，对升船机消防安全极其不利。

烟气会影响疏散人员的视线，燃烧产生的大量烟气，使能见度大大降低。相对于传统的地面建筑疏散，过机船舶大多对升船机环境不熟悉，浓烟导致疏散人员无法在陌生环境中辨清逃生方向，无法辨认升船机内部应急疏散指引标识，以致产生恐怖感，惊慌失措，给人员疏散带来更多挑战。

烟气还是火势发展蔓延的重要因素，不完全燃烧产物中的一氧化碳与空气混合，能继续燃烧或发生爆炸，燃烧产物有很高的热能，会因对流、辐射引起新的火点，成为火势发展、蔓延的重要因素。特大型升船机提升重量大，过机船舶往往是多层大型客船，某一层着火，火势很容易向其他层蔓延。

特大型升船机与地面建筑不同，船舶在承船厢内沿着垂直方向升降，升船机两侧塔柱形成了相对封闭结构，过机船舶载客量大，建筑疏散出口少，疏散距离较远，人员疏散不易。特大型升船机内发生火灾时，烟气流动受到升船机两侧塔柱壁面的限制，将会在升船机内产生一定的烟气蓄积。

升船机结构相对封闭，将导致火灾燃烧时供氧不充分，产生大量不完全燃烧气体如 CO、NO$_x$ 等，对疏散人员人身安全威胁更大。由于升船机塔柱是薄壁高耸结构，承船厢是狭长结构，因此火灾烟气流动既有距离较长的水平方向流动，又有竖直方向上的流动。

当升船机内发生火灾时，疏散人员需要经过可调节扶梯进入塔柱疏散。而同时，在浮力的驱动下，火灾烟气也可通过升船机内所有的向上通道进行蔓延。这样人员逃生的通道同时也是火灾烟气蔓延的通道，非常不利于升船机内人员的安全疏散。由于升船机各个疏散出口与塔柱各层之间均通过竖直方向的楼梯相连，这样火灾烟气就很容易通过这些向上的通道由起火层进入到其以上的各层中。

3.2 烟气扩散过程

在烟气扩散过程中，将整个空间中的烟气划分为多个微元体，每个微元体满足质量守恒定理，即单位时间内烟气质量的增加量等于同一时间内流入该微元体烟气的净质量：

$$\frac{\partial \rho}{\partial t} + \nabla \cdot \rho u_i = 0 \tag{3.1}$$

式中：ρ 表示流体密度；u 表示速度。

在烟气扩散中组分速度等于质量平均速度叠加上扩散（布朗运动）速度，组分的总质量等于对流通量和扩散通量之和，带入分子输运的费克扩散定律得到组分守恒方程式（Conservation of Species）：

$$\frac{\partial}{\partial t}(\rho m_i) + \frac{\partial}{\partial x_i}(\rho u_i m_i) = -\frac{\partial}{\partial x_i}J + S_i \tag{3.2}$$

式中：m_i 表示组分质量；S_i 表示组分生成率；J 表示扩散通量。

在任何空间系统中，物质之间的运动都满足动量守恒定律。在整个空间中，单位时间内烟气微团动量变化率等于外界作用在该烟气微团所有力之和。根据牛顿第二定律，可以推求烟气动量守恒方程式（Conservation of Momentum）：

$$\frac{\partial}{\partial t}(\rho u_i) + \frac{\partial}{\partial x_j}(\rho u_i u_j) = -\frac{\partial p}{\partial x_j} + \frac{\partial \tau_{ij}}{\partial x_j} + \rho g_i + F_i \tag{3.3}$$

式中：p 表示静压；τ_{ij} 表示应力张量。

在烟气扩散过程中，实质上也是热交换的过程，整个流动系统满足能量守恒定理，即在微元体中能量增加量等于微元体上热量增加量加上体积力与表面力对微元体做的功，守恒方程式（Conservation of Energy）：

$$\frac{\partial}{\partial t}(\rho h)+\frac{\partial}{\partial x_i}(\rho u_i h)=\frac{\partial}{\partial x_i}(k+k_t)\frac{\partial T}{\partial x_i}+S_h \tag{3.4}$$

式中：k 表示分子导热率；k_t 湍流扩散导热率；S_h 表示体积热源。

关于 FDS 详细建模及利用 LES 方法进行数值计算的详细过程可参见美国国家标准和技术研究所（NIST）著的 FDS 技术手册与用户指南。

3.3　烟气模拟流程

FDS（Fire Dynamics Simulator，Ver 4.0）是美国国家标准和技术研究所（NIST）开发的三维 CFD 模拟软件，是模拟火灾发展和烟气蔓延特性的常用工具。该软件以数值方法求解一组描述热驱动的低速流动的 Navier - Stokes 方程，通过大涡模拟（Large Eddy Simulation，LES）方法模拟烟气流场的具体细节，具有较高的精度与计算效率。

CFD 模拟烟气蔓延的计算流程如图 3.1 所示。

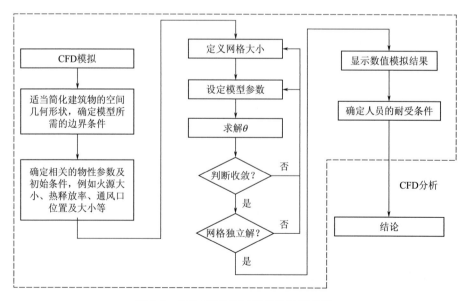

图 3.1　CFD 模拟烟气蔓延的计算流程

3.4 烟气模拟结果

3.4.1 火灾场景 A

火源位于旅游客船第一层甲板后段的机舱房，按 $\alpha = 0.0117$ 的 t^2 中速火发展，火灾最大热释放速率为 3MW，机械排烟系统失效，自动喷淋系统有效，整个模拟时间为 1200s。该场景 1.8m 高处的温度、能见度、CO 浓度以及 CO_2 浓度分布云图分别如图 3.2～图 3.5 所示。

从图 3.2 可以看出，在模拟时间到达 320s 时，出口处地面以上 1.8m 高度处的最高温度超过 60℃，高于设定危险温度。

从图 3.3 可以看出，在模拟时间到达 1200s 时，出口处地面以上 1.8m 高度的 CO 最高浓度最高不超过 500ppm。

从图 3.4 可以看出，在模拟时间到达 420s 时，出口地面以上 1.8m 高度出口处的能见度小于 10m，高于设定的最低能见度。

从图 3.5 可以看出，在模拟时间到达 440s 时，出口处地面以上 1.8m 高度的最高 CO_2 浓度超过 10000ppm。

综合以上四个条件判断，本场景下可获得的安全疏散时间为 320s。

3.4.2 火灾场景 B

位于旅游客船顶层娱乐甲板，火灾按 $\alpha = 0.0117$ 的 t^2 中速火发展，火灾最大热释放速率为 1.5MW，机械排烟系统失效，自动喷淋系统有效，整个模拟时间为 1200s。该场景下地面 1.8m 高处的温度、能见度、CO 浓度和 CO_2 浓度分布云图分别火源如图 3.6～图 3.9 所示。

从图 3.6 可以看出，在模拟时间到达 600s 时，出口处地面以上 1.8m 高度处的最高温度超过 60℃，高于设定危险温度。

从图 3.7 可以看出，在模拟时间到达 1200s 时，出口处地面以上 1.8m 高度处的最高 CO 浓度最高不超过 500ppm，仍小于设定危险浓度。

从图 3.8 可以看出，在模拟时间到达 490s 时，出口处地面以上 1.8m 高度处的能见度小于 10m，小于设定的最低能见度。

从图 3.9 可以看出，在模拟时间到达 560s 时，出口处地面以上 1.8m 高度处的最高 CO_2 浓度超过 10000ppm，大于设定危险浓度。娱乐甲板层火灾场景模拟结果表明，本场景下可获得的安全疏散时间为 490s。

3.4.3 火灾场景 C

火源位于旅游客船主甲板尾段的餐厅，火灾按 $\alpha = 0.0117$ 的 t^2 中速火发展，火灾最大热释放速率为 1.5MW，整个模拟时间为 1200s。该场景下地面 1.8m 高处的温度、CO 浓度、能见度和 CO_2 浓度分布云图分别如图 3.10～图 3.13 所示。

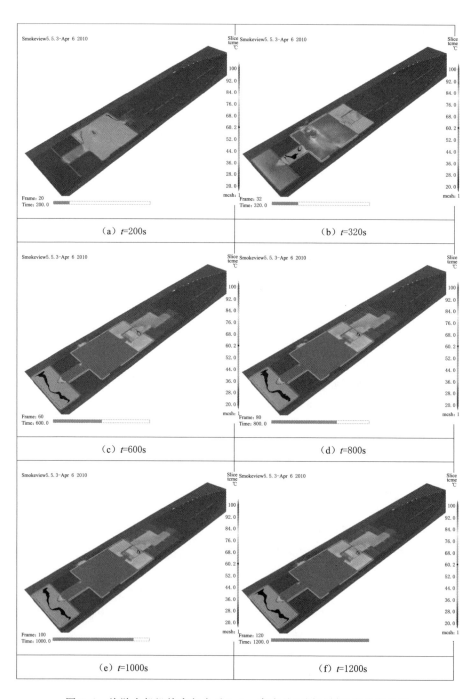

图 3.2　旅游客船机舱房起火后 1.8m 高度处不同时刻温度分布云图

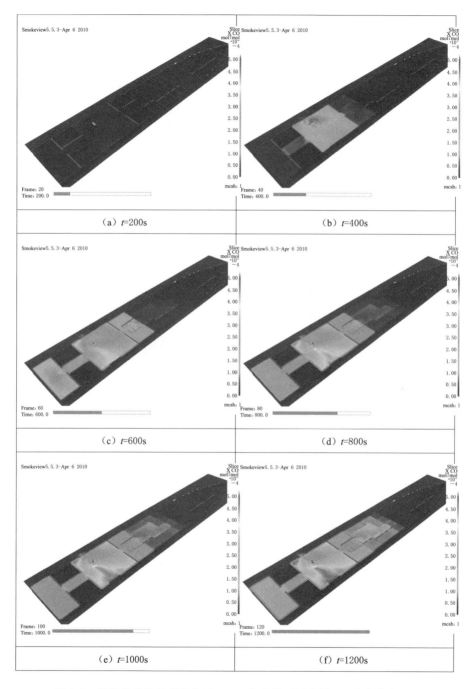

图 3.3 旅游客船机舱房起火后 1.8m 高度处不同时刻 CO 浓度分布云图

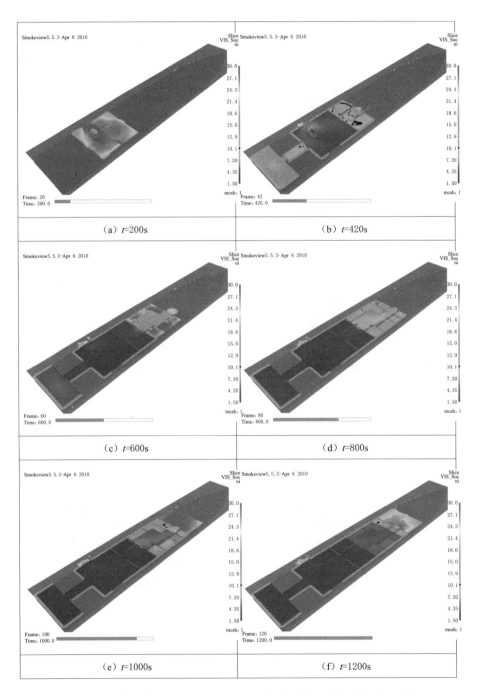

图 3.4　旅游客船机舱房起火后 1.8m 高度处不同时刻能见度分布云图

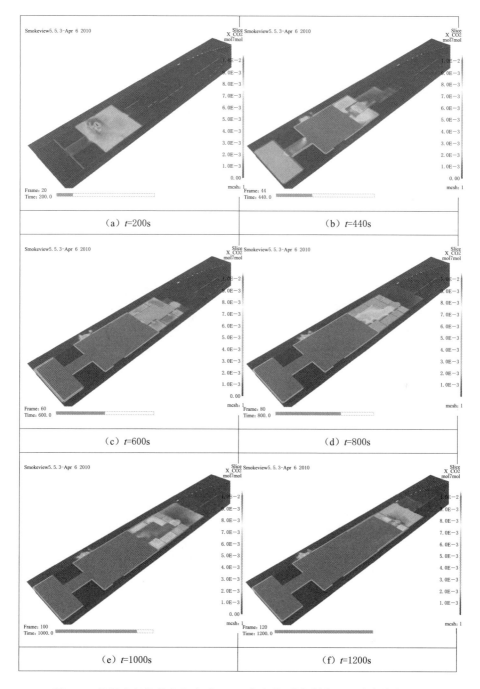

图 3.5 旅游客船机舱房起火后 1.8m 高度处不同时刻 CO_2 浓度分布云图

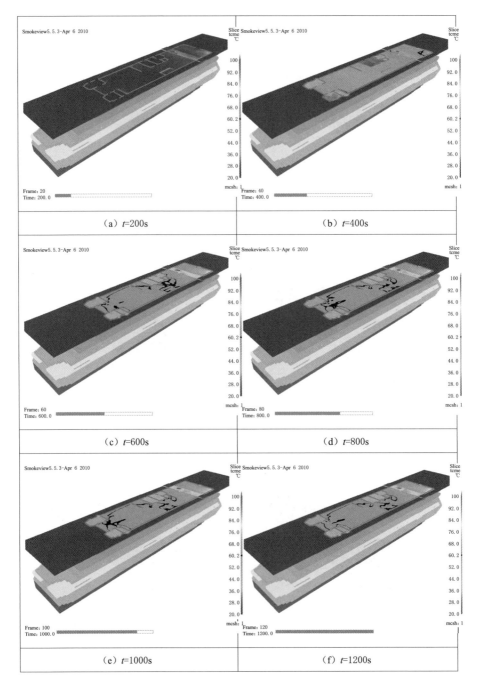

图 3.6　旅游客船娱乐甲板起火后 1.8m 高度处不同时刻温度分布云图

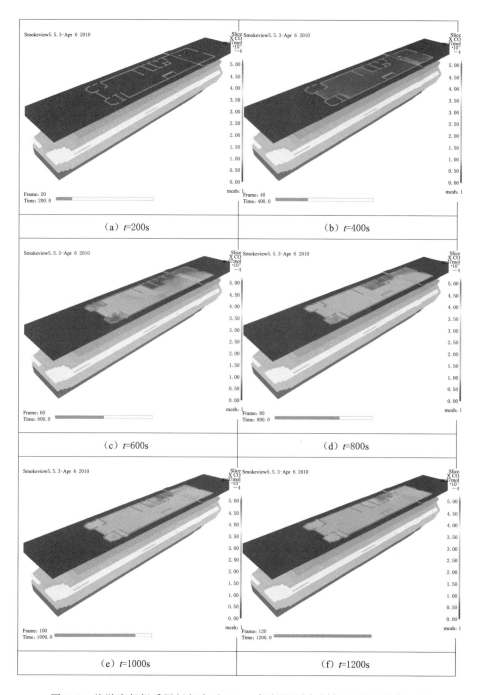

图 3.7　旅游客船娱乐甲板起火后 1.8m 高度处不同时刻 CO 浓度分布云图

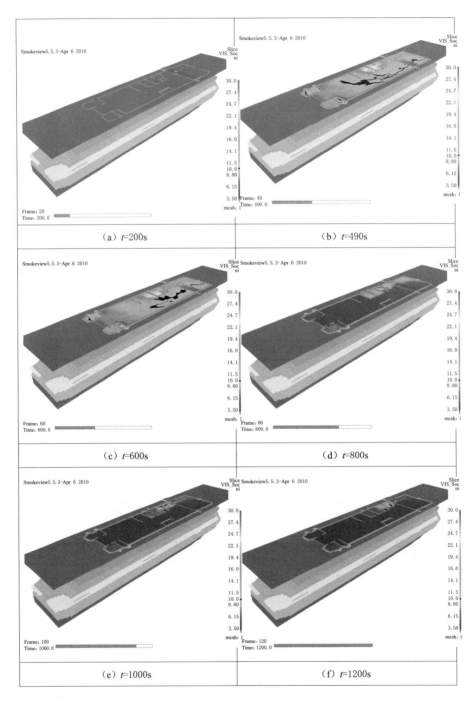

图 3.8　旅游客船娱乐甲板起火后 1.8m 高度处不同时刻能见度分布云图

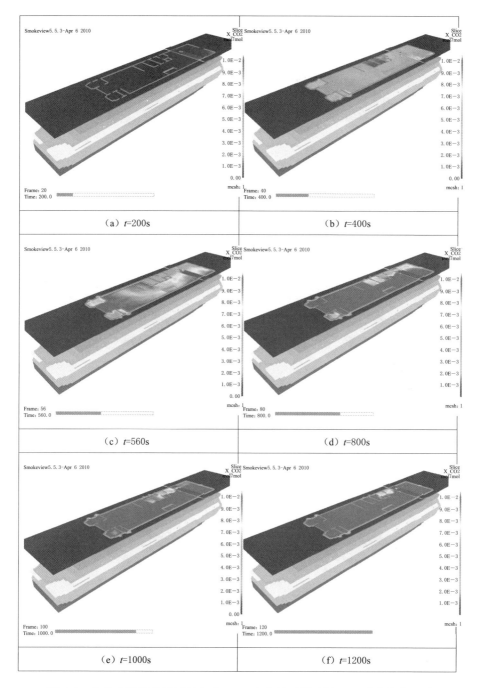

图 3.9 旅游客船娱乐甲板起火后 1.8m 高度处不同时刻 CO_2 浓度分布云图

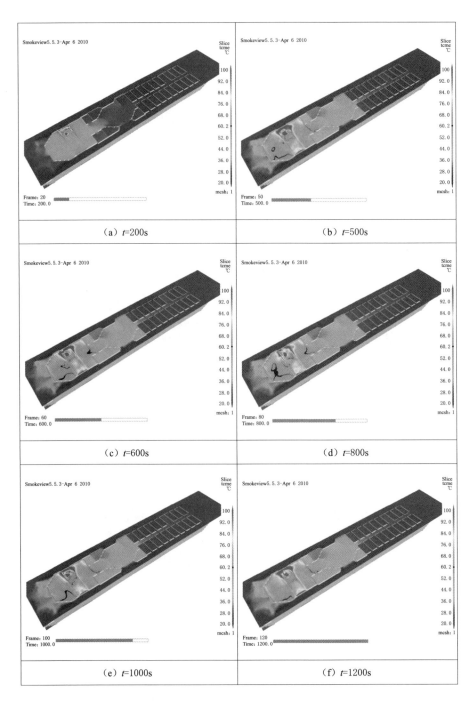

图 3.10　旅游客船主甲板餐厅起火后 1.8m 高度处不同时刻温度分布云图

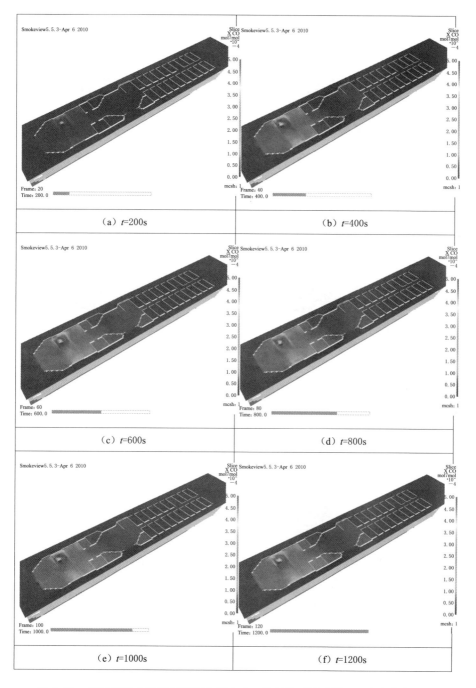

图 3.11　旅游客船主甲板餐厅起火后 1.8m 高度处不同时刻 CO 浓度分布云图

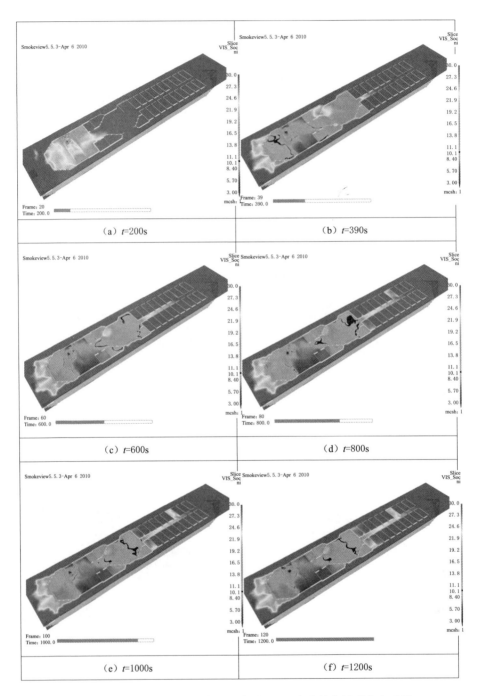

图 3.12　旅游客船主甲板餐厅起火后 1.8m 高度处能见度分布云图

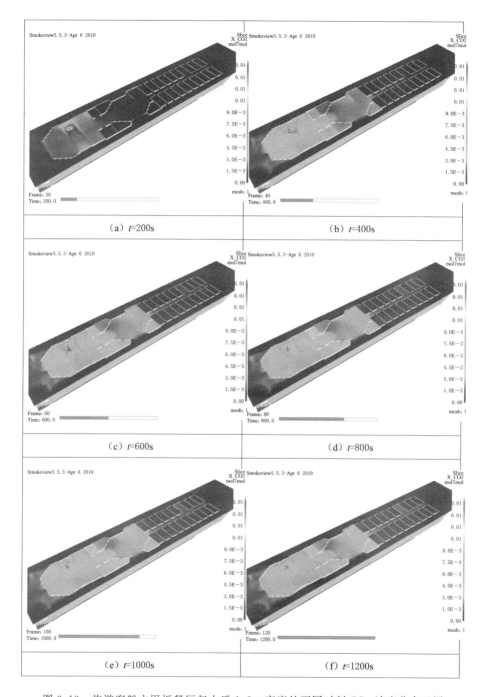

图 3.13 旅游客船主甲板餐厅起火后 1.8m 高度处不同时刻 CO_2 浓度分布云图

从图 3.10 可以看出，在模拟时间到达 500s 时，餐厅外走道地面以上 1.8m 高度处的最高温度不超过 60℃，低于设定危险温度。

从图 3.11 可以看出，在模拟时间到达 1200s 时，餐厅外走道地面以上 1.8m 高度处 CO 浓度最高不超过 500ppm，小于设定危险浓度。

从图 3.12 可以看出，在模拟时间到达 390s 内，餐厅外走道地面以上 1.8m 高度处能见度小于 10m，小于设定的最低能见度。

从图 3.13 可以看出，在模拟时间到达 1200s 内，出口处地面以上 1.8m 高度处的最高二氧化碳浓度不超过 10000ppm，小于设定危险浓度。

综合以上四个条件判断，本场景下可获得的安全疏散时间为 390s。

本　章　小　结

本章分析特大型升船机火灾烟气流动特征，以质量守恒、动量守恒、组分守恒、能量守恒为基础，采用 FDS 软件模拟火灾发展和烟气蔓延特性，构建典型火灾情景，模拟不同火灾情景下的温度、能见度、CO 浓度以及 CO_2 浓度变化情况。

第4章 升船机船厢人员疏散

受建筑结构所限,升船机的安全疏散通道连贯性和变通性都劣于陆地高层建筑物,人员疏散和灭火救援难度较大。在升船机运行过程中,船只一旦发生火灾,船上人员从船只到升船机构筑物的疏散转移主要依靠左、右塔柱上设置的水平疏散通道,再通过交通竖井中设置的4处防烟楼梯转移至坝顶或下游平台等远离升船机塔柱的安全地带。人员疏散时可能因拥挤、恐慌等原因而造成通道阻塞,从而延缓疏散进度,疏散人员进入塔柱水平疏散通道后,所处状态相对较为安全,因此首要分析模拟过机船舶上人员由游船疏散至承船厢的疏散路径,考虑船舶疏散人数,模拟人员由船厢疏散至塔柱内的疏散情景对确保人员水平疏散安全具有重要意义。

4.1 疏散路径

升船机主要由上游引航道、上闸首、船厢室段、下闸首和下游引航道等部分组成。其中船厢为钢结构,外形长132.0m,两端分别伸进上、下闸首6.5m,船厢标准横断面外形宽23.0m、高10.0m。在升船机两侧塔柱对称布置的4个筒体中从50.0~196.0m高程均设有1个交通竖井,内设电梯及防烟楼梯间。火灾时,4处防烟楼梯间作为人员紧急逃生用。在左、右塔柱63.0~182.0m高程沿高度方向每隔3.5m设一水平疏散通道。升船机在运行时,如果承船厢内船只发生火灾,人员将由游轮疏散至承船厢上,再经扶梯疏散至升船机两侧塔柱内。游轮及升船机各层疏散路线如图4.1~图4.6所示。

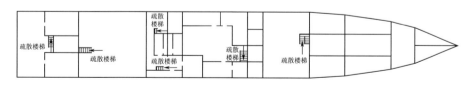

图 4.1 游轮机舱层疏散平面图

根据火灾场景设定相应的疏散场景A、B、C、D、E。

火灾场景A时,火源位于游轮的机舱内,为燃油发生火灾。机舱内的人员

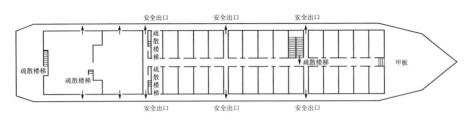

图 4.2   游轮第一层疏散平面图

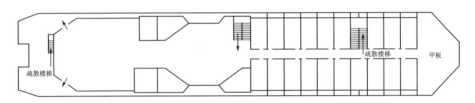

图 4.3   游轮第二层疏散平面图

图 4.4   游轮第三、四层疏散平面图

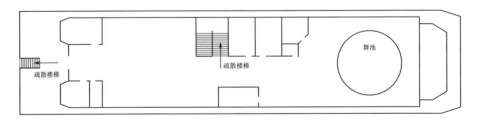

图 4.5   游轮第五层疏散平面图

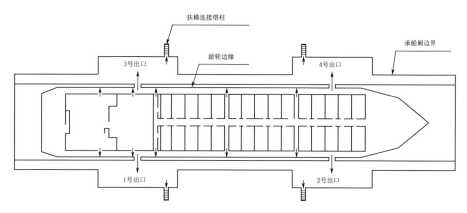

图 4.6　游轮及承船厢总体疏散平面图

将通过楼梯疏散至游轮一层。具体疏散路线图如图 4.7 所示。疏散场景 A 的计算对象整个游轮机舱所在层的所有人员疏散情况。疏散时间取该层所有人员疏散至安全区域的时间。

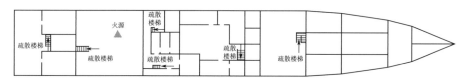

图 4.7　疏散场景 A 的疏散路线图

火灾场景 B 时，火源位于游轮的五楼娱乐甲板内，为座椅或堆积物品发生火灾。娱乐甲板的人员通过 1 号、2 号楼梯进行疏散。具体疏散路线图如图 4.8 所示。疏散场景 B 的计算对象整个娱乐甲板层所有人员的疏散情况。疏散时间取所有人员安全离开第五层娱乐甲板的时间。

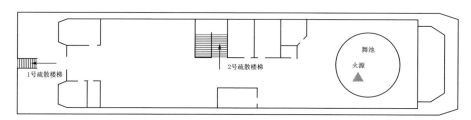

图 4.8　疏散场景 B 的疏散路线图

火灾场景 C 时，火源位于游轮的二楼餐厅内。具体疏散路线图如图 4.9 所示。疏散场景 C 的计算对象为游轮第二层所有人员的疏散情况。疏散时间取第二楼所有人员疏散出该楼层的时间。

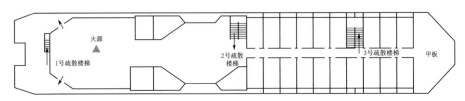

图 4.9　疏散场景 C 的疏散路线图

火灾场景 D 时，火源位于承船厢内游轮中，为第三层客房内发生火灾。考虑到不利情况，假设该客房靠近游轮中 3 号疏散楼梯，此时人员将无法通过该楼梯疏散。第三层的所有人员将通过剩下的 1 号、2 号楼梯进行疏散。疏散场景 D 为游轮第三层的情况。具体疏散路线图如图 4.10 所示。疏散时间取游轮第三层楼所有人员疏散出该楼层的时间。

图 4.10　疏散场景 D 的疏散路线图

火灾场景 E 时，火源位于游轮内。当游轮发生火灾时，人员从各层疏散至一楼甲板，再由游轮甲板疏散至承船厢上。此时，考虑到火灾产生的烟气和热辐射依然可能对人员造成威胁。所以疏散场景 E 将模拟人员从游轮疏散至承船厢，再经扶梯进入塔柱内的情况。具体疏散路线图如图 4.11 所示。疏散时间取游轮内所有人员疏散至塔柱内的时间。

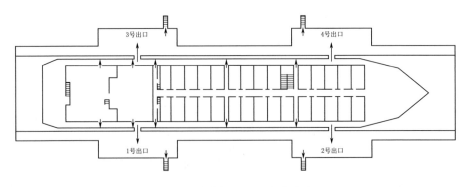

图 4.11　疏散场景 E 的疏散路线图

4.2 疏散人数

合理的人员疏散研究建立在较准确的人员荷载统计基础之上，性能化分析中使用的人员荷载应参照现行规范，根据不同建筑的使用功能，分别按密度、或按照建筑设计容量进行选取。

交通运输部发布《三峡升船机通航船舶船型技术要求（试行）》公告，明确通过三峡升船机的通航船舶最大尺度、吃水和排水量控制标准。考虑到升船机功能定位，为保障其通航安全和效率，以及船闸和升船机通航船舶尺度的匹配性，公告规定，现有通航船舶最大总长为 110m，最大总宽 17.2m，而新建通航船舶最大总长应为 105m，最大总宽应为 16.3m。

在所有的疏散场景中，疏散人员为标准游轮上的乘客，所以具体人数为游轮的载客量。考虑到一定的安全余量，假设游轮的客房入住率为 100%，其中服务人员为乘客数的 50%，游轮内总人数为 300 人。

根据以上分析，确定各疏散场景的疏散人数，具体人数见表 4.1。

表 4.1　　　　　　　　疏 散 人 数 统 计 表

疏散场景	区 域 位 置	区域用途	疏散人数/人
A	旅游客船机舱室层	操作人员	20
		其他	34
B	旅游客船娱乐甲板层	娱乐室	45
		服务人员	7
C	旅游客船主甲板	客房	38
		餐厅	30
		服务人员	15
D	旅游客船第三层甲板	客房	76
		服务人员	20
E	整个游轮	乘客	200
		服务人员	100

4.3 疏散时间

火灾发生之后，人员疏散并不是马上开始。根据研究，人员的疏散时间一般包括几段离散的时间间隔。为了能够计算出人员的疏散时间，消防安全工程界中大致将疏散时间简化为三个阶段：报警时间、响应时间和疏散行动时间。

4.3.1　报警时间

报警时间 T_A 是指从火灾发生到被察觉的这段时间。察觉的信号可能是闻到烟味或看见火灾，火灾自动报警系统或他人传来的信息。因此报警时间应根据建筑内所采用的火灾探测与报警装置的类型及其布置、火灾的发展速度及其规模、着火空间等条件，考虑设定火灾场景下，建筑内人员的密度及人员的安全意识与清醒状态等因素综合决定。火场附近的人员会在火灾探测器报警前，觉察到火情。而离火场较远的人员只能依靠消防广播等声音设施知道火情。

4.3.2　响应时间

响应时间是从开始意识到情况发生到去采取一些行动所花费的这一时间段。首先，我们要去认识和解释某些不期而至的事情，这些信号给我们去采取行动的冲动，采取的行动可能是要去调查发生了什么事情，例如，寻找更进一步的信息，去试图灭火，帮助他人，抢救财产，通知消防队，离开建筑物，甚至忽视危险的存在。人员的响应时间与很多因素有关，如不同的建筑场所、人员的教育程度、专业背景、以前是否经历过火灾、年龄结构等。统计结果表明：发生火灾时，人员的响应时间与建筑内采用的火灾报警系统的类型有直接关系。各种用途建筑内采用不同火灾报警系统时的人员响应时间见表 4.2。

表 4.2　　　　　　　　不同报警系统时的人员响应时间

建筑物用途及特性	人员响应时间/min		
	报警系统类型		
	W_1	W_2	W_3
办公楼、商业或工业厂房、学校（居民处于清醒状态，对建筑物、报警系统和疏散措施熟悉）	<1	3	>4
商店、展览馆、博物馆、休闲中心等（居民处于清醒状态，对建筑物、报警系统和疏散措施不熟悉）	<2	3	>6
旅馆或寄宿学校（居民可能处于睡眠状态，但对建筑物、报警系统和疏散措施熟悉）	<2	4	>5
旅馆、公寓（居民可能处于睡眠状态，对建筑物、报警系统和疏散措施不熟悉）	<2	4	>6
医院、疗养院及其他社会公共机构（有相当数量的人员需要帮助）	<3	5	>8

注　1. 引自《英国建筑火灾安全工程草案》（BS DD240）。
　　2. 上表中的报警系统类型为：W_1—实况转播指示，采用声音广播系统，例如从闭路电视设施的控制室；W_2—非直播（预录）声音系统、和/或视觉信息警告播放；W_3—采用警铃、警笛或其他类似报警装置的报警系统。

4.3.3　行动时间

疏散行动时间是指疏散人员从疏散行动开始到疏散结束的持续时间。

4.4 疏散模拟

Simulex 软件是由苏格兰集成环境解决有限公司（Integrated Enironmental Solutions Ltd）开发，用来模拟大空间及结构复杂建筑物内大量人员疏散的软件包。该软件允许用户利用建筑物的 CAD 平面图（各层之间以楼梯相连）来创建建筑物的三维模型。当用户定义了最终安全出口的位置后，该软件将自动计算整个建筑物空间内所有的疏散距离与路径。

Simulex 把一个多层建筑物定义为一系列二维楼层平面图，它们通过楼梯连接，从每一个楼层进入楼梯的出口要在楼层平面窗口和楼梯窗口中分别指定，楼梯和楼层平面由"link"连接，它放置在该出口的位置。模型中的人员可以通过连接从楼层进入楼梯，反之亦然。人员由最终出口"exit"离开建筑物，完成疏散。

运用 Simulex 软件进行场景模拟时，需要确定的主要参数包括行走速度、疏散人数等，通过模拟计算最终得到疏散时间。

在软件开始模拟疏散之前，正常的、不受阻碍的行走速度就按照用户指定的参数分配给人员。在疏散过程中，当被另外一个人所阻碍时，行走速度会受影响，如图 4.12 所描述的人员行走速度受人员间距的影响曲线。

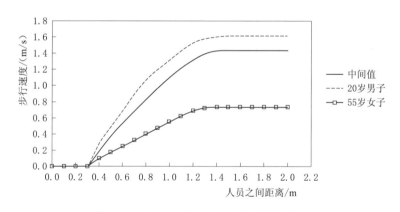

图 4.12　行走速度与前方人员间距的关系

每一个人的前进行走速度，可以通过人员之间距离与行走速度的降低之间的关系来计算，计算公式为

$$V=\begin{cases} V_{\mathrm{u}} \times \sin[90(d-b)/(t_d-b)], & b \leqslant d = t_d \\ V_{\mathrm{u}}, & d > t_d \end{cases} \qquad (4.1)$$

式中：V 为受阻碍行走速度，m/s；V_{u} 为无阻碍行走速度，m/s；d 为人员间

距，m；t_d 为间距阀值，取值 1.6m；b 为身体厚度，取值 0.3m。

此外，根据 Frantzich（1996）提供的研究数据，人员在楼梯上的行走速度会进一步降低，大约是平地行走速度的 50％。

4.5 模拟结果

4.5.1 疏散场景 A

在疏散场景 A 中，旅游客船机舱室发生火灾，假设机舱内的工作人员均处于清醒状态，因此报警时间应该极短，设定此场景的报警时间为 1min。

该场景的疏散对象主要是游船的工作人员，场景满足以下条件：①设置了 W_1 型（声音广播）火灾报警系统；②人员可能处清醒状态；③人员对疏散设施熟悉。因此，根据表 4.2，疏散场景 A 的响应时间取为 1 分钟。

利用 Simulex 软件模拟计算疏散场景 A 的疏散行动时间，疏散人员类型设置为 "shipcrew"，疏散人员数量为 54 人（表 4.1）。模拟疏散过程如图 4.13 所示，整个疏散过程耗时 18s。

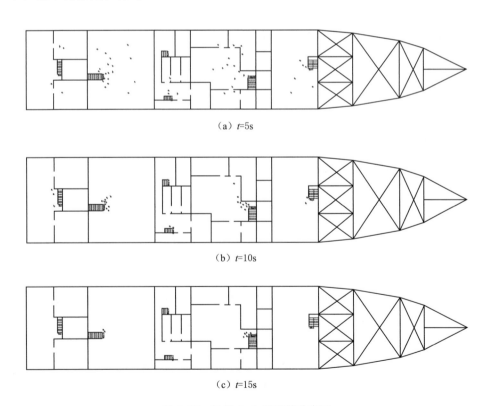

（a）t=5s

（b）t=10s

（c）t=15s

图 4.13　场景 A 人员疏散动态图

综合以上分析，计算疏散场景 A 所需疏散时间（表 4.3），计算结果为 138s，小于该火灾场景下可用的安全疏散时间为 420s，可以实现安全疏散。

表 4.3　　　　　　　　　　　　场 景 A 的 疏 散 时 间

疏散场景 A	报警时间 （T_A）/s	响应时间 （T_R）/s	疏散行动时间 （T_M）/s	疏散时间 （T_{RSET}）/s	可用疏散 时间/s	安全余量 /s
游船机舱层疏散	60	60	18	138	320	182

4.5.2　疏散场景 B

在疏散场景 B 中，游轮第五层甲板（娱乐甲板）发生火灾，假设所有人员均处于清醒状态，因此报警时间极短，设定此场景的报警时间为 1min。

该场景的疏散对象主要为在娱乐甲板休闲的乘客，场景满足以下条件：设置了 W_1 型（声音广播）火灾报警系统，人员均处于清醒状态，人员对疏散设施不熟悉。对照表 4.2，响应时间取值为 2min。

Simulex 软件模拟计算中设置 B 场景内疏散人员类型为 "shippassenger"，疏散人员数量为 52 人（表 4.1）。模拟疏散过程如图 4.14 所示，整个疏散过程

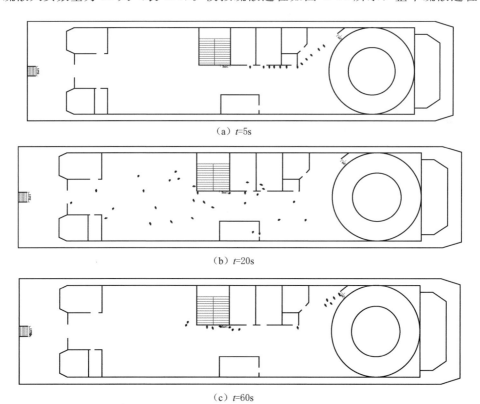

（a）t=5s

（b）t=20s

（c）t=60s

图 4.14　场景 B 人员疏散动态图

耗时 89s。

综合以上分析，计算疏散场景 B 所需疏散时间（表 4.4），计算结果为 269s，小于该火灾场景下可用的安全疏散时间为 490s，可以实现安全疏散。

表 4.4　　　　　　　　　　场 景 B 的 疏 散 时 间

疏散场景 B	报警时间 (T_A)/s	响应时间 (T_R)/s	疏散行动时间 (T_M)/s	疏散时间 (T_{RSET})/s	可用疏散时间/s	安全余量/s
游船机舱层疏散	60	120	89	269	490	221

4.5.3　疏散场景 C

在疏散场景 C 中，游轮主甲板餐厅发生火灾，此场景中疏散人员主要是在餐厅用餐的游客，游客均处于清醒状态，因此报警时间应该极短，设定此场景的报警时间为 1min。

场景 C 满足以下条件：设置了 W_1 型（声音广播）火灾报警系统，人员均处于清醒状态，人员对疏散设施不熟悉。对照表 4.2，取响应时间为 2min。

利用 Simulex 软件模拟计算疏散场景 C 的疏散行动时间，疏散人员类型设置为"shippassenger"，疏散人员数量为 83 人（表 4.1）。模拟疏散过程如图 4.15 所示，整个疏散过程耗时 79s。

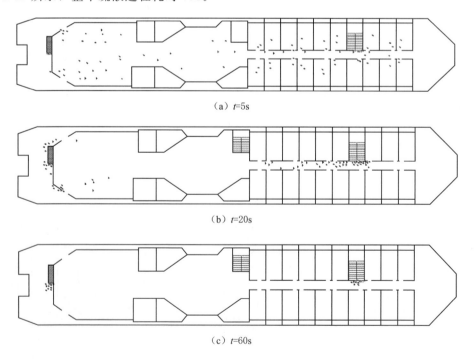

（a）t=5s

（b）t=20s

（c）t=60s

图 4.15　场景 C 人员疏散动态图

综合以上分析，计算疏散场景C所需疏散时间（表4.5），计算结果为259s，小于可用疏散时间390s，可以实现安全疏散。

表4.5　　　　　　　　　　　　　　场景C的疏散时间

疏散场景C	报警时间 (T_A)/s	响应时间 (T_R)/s	疏散行动时间 (T_M)/s	疏散时间 (T_{RSET})/s	可用疏散时间/s	安全余量/s
游船机舱层疏散	60	120	79	259	390	131

4.5.4　疏散场景D

在疏散场景D中，旅游客船标准客房发生火灾，假设起火客房内人员处于清醒状态，因此报警时间应该极短，设定此场景的报警时间为1min。

该场景的疏散对象主要是游船第三层甲板客房中的乘客以及游轮第四、第五层的乘客，场景满足以下条件：设置了 W_1 型（声音广播）火灾报警系统，人员对疏散设施不熟悉。对照表4.2，响应时间取值为2min。

利用Simulex软件模拟计算疏散场景D的疏散行动时间，疏散人员类型设置为"shippassenger"，游轮第三层疏散人员数量为96人（表4.1），游轮内共有300人。对于场景D，由于着火客房靠近其中一处疏散楼梯。发生火灾时，游轮内各层人员将不通过该楼梯进行疏散。由于各层人员在疏散时共用两部楼梯，所以疏散场景D将对整个游轮进行疏散模拟。

模拟疏散过程如图4.16所示，模拟结果表明，游轮第三层甲板人员疏散至安全区域的时间为101s。由于游轮第三层甲板发生火灾时，产生的烟气会危及第四、第五层甲板人员的疏散，模拟结果显示游轮的第四、第五层甲板人员疏散至安全区域的时间为89s，小于第三层所有人员疏散至安全区域的时间。因此，疏散场景D的疏散时间取第三层人员疏散至安全区域时间101s。

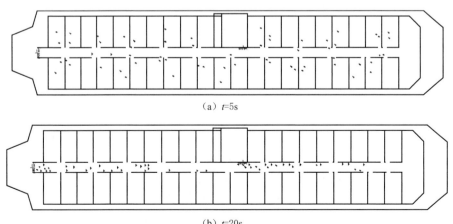

（a）$t=5s$

（b）$t=20s$

图4.16（一）　场景D人员疏散动态图

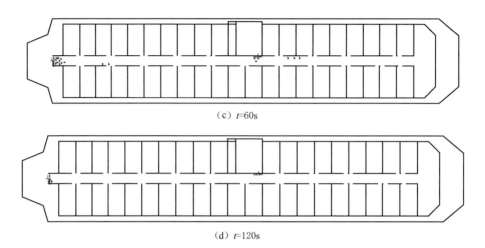

（c）t=60s

（d）t=120s

图 4.16（二）　场景 D 人员疏散动态图

综合以上分析，计算疏散场景 D 所需疏散时间（表 4.6），计算结果为 281s，小于可用疏散时间 310s，可以实现安全疏散。

表 4.6　　　　　　　　　场 景 D 的 疏 散 时 间

疏散场景 D	报警时间 (T_A)/s	响应时间 (T_R)/s	疏散行动时间 (T_M)/s	疏散时间 (T_{RSET})/s	可用疏散时间/s	安全余量/s
游船机舱层疏散	60	120	101	281	310	29

4.5.5　疏散场景 E

疏散场景 E 为游轮与升船机的整体疏散。在疏散场景 E 中，游轮内部发生火灾，游轮内人员将全部进行安全疏散。假设游船内所有人员均处于清醒状态，因此报警时间极短，设定此场景的报警时间为 1min。

该场景的疏散对象为旅游客船上所有乘客和工作人员，场景满足以下条件：设置了 W_1 型（声音广播）火灾报警系统，人员均处于清醒状态。由于游轮内的乘客对疏散设施并不熟悉。对照表 4.2，因此响应时间保守取值为 2min。

利用 Simulex 软件模拟计算疏散场景 E 的疏散行动时间，游轮机舱内人员类型设置为"shipcrew"，其他人员类型设置为"shippassenger"，疏散人员数量为 300 人（表 4.1）。疏散过程较为复杂。首先，船上所有人员疏散至旅游客船的第一层甲板，然后再由游船甲板疏散至承船厢两侧的甲板上，接着通过扶梯由承船厢甲板进入塔柱内。由于疏散人员进入塔柱水平疏散通道后，所处状态相对较为安全，因此主要模拟船上人员由游船疏散至承船厢及由承船厢疏散至塔柱内所需的疏散时间。

4.5.5.1　由游船疏散至承船厢

利用 Simulex 软件进行模拟计算，图 4.17～图 4.21 分别为疏散过程中 5s、30s、60s、120s、270s 时刻游船人员的疏散状态。由于处在旅游客船五层娱乐甲板上人员的疏散距离最长、疏散至承船厢所需时间最久，船上多数人员疏散过程都需要经由二层甲板和一层甲板，因此图 4.17～图 4.21 着重呈现旅游客船五层甲板、二层甲板和一层甲板在不同时刻的疏散状态。

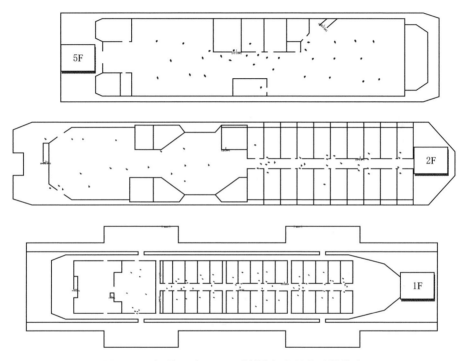

图 4.17　场景 E 中 $t=5$s 时刻游船人员的疏散状态

模拟结果表明，所有人员从游轮内疏散至扶梯处耗时 302s。其中，人员从游轮内全部疏散至承船厢甲板上耗时 284s。

4.5.5.2　由承船厢疏散至塔柱

承船厢与塔柱间通过 4 个宽度为 1.25m、最大可调节高度为 3.55m 的扶梯相连接。考虑到发生火灾时，承船厢可能恰好位于塔柱上两个水平疏散廊道之间，故假设疏散场景 E 中承船厢平台与水平疏散廊道相距 2m，人员需步行通过扶梯进行疏散。在疏散过程中，由于扶梯宽度有限，疏散人员需要依次排队经过扶梯。

由于人员通过扶梯的速度目前无相关数据可供参考，为确保模拟的可靠性，课题组进行了实验测试。现场实验如图 4.22 所示，地面高差为 2m，取 7 级扶

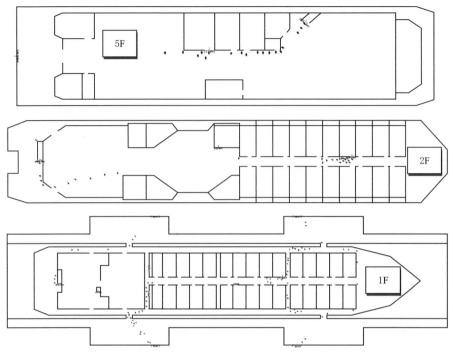

图 4.18　场景 E 中 $t=30\mathrm{s}$ 时刻游船人员的疏散状态

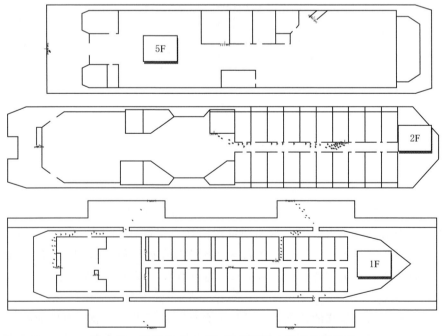

图 4.19　场景 E 中 $t=60\mathrm{s}$ 时刻游船人员的疏散状态

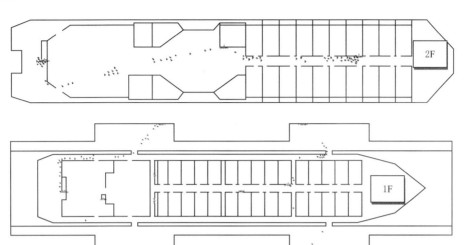

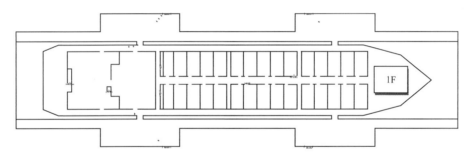

图 4.20 场景 E 中 $t=120\text{s}$ 时刻游船人员的疏散状态

图 4.21 场景 E 中 $t=270\text{s}$ 时刻游船人员的疏散状态

图 4.22 扶梯疏散速度现场实验照片

梯，扶梯长度为 3.2m，倾斜角度为 40°，仿照游船人员类型组成（表 4.7）募集参试者，实验测得人员通过扶梯的平均速度为 0.37m/s。

表 4.7　　　　　　　　　　　游 船 人 员 类 型 组 成

人员类型	60 岁以上老者/%	60 岁以下男性/%	60 岁以下女性/%
游船人员	20	40	40

根据实验测得的扶梯疏散速度，计算旅游客船所有人员经过扶梯疏散所需的总时间，计算公式为

t'（扶梯疏散时间）＝N（通过扶梯的人数）×t（人员通过扶梯的时间）

该场景中，假设人员从游轮疏散至承船厢上后，再依次排队通过 4 个扶梯至塔柱内，扶梯高度取 2m，则人员通过扶梯的疏散时间 t'＝（300/4）×（2/0.37）＝406s。

人员的疏散过程是一个动态的过程，人员不断从游轮疏散至承船厢，再经过扶梯疏散至塔柱内。计算场景 E 所需的疏散时间（表 4.8），计算结果为 888s，约 15min 左右。

表 4.8　　　　　　　　　　　场 景 E 的 疏 散 时 间

疏散场景 E	报警时间 (T_A)/s	响应时间 (T_R)/s	疏散行动时间 (T_M)/s		疏散时间 (T_{RSET})/s
游船所有人员撤离至塔柱内	60	120	游轮至承船厢	承船厢至塔柱内	888
			302	406	

通过把疏散过程所耗费的时间分为报警时间、响应时间和疏散行动时间，对三峡升船机的疏散场景进行析和计算，得到 5 个疏散场景下人员疏散完毕所需的总时间，疏散计算结果汇总见表 4.9。

表 4.9　　　　　　　　　　　各场景疏散时间汇总

疏散场景	区域位置	疏散通道情况	报警时间 (T_A)/s	响应时间 (T_R)/s	疏散行动时间 (T_M)/s	疏散时间 (T_{RSET})/s	可用安全疏散时间/s	安全余量/s
A	旅游客船机舱	畅通	60	60	18	138	320	182
B	五楼娱乐甲板	畅通	60	120	89	269	490	221
C	主甲板餐厅	畅通	60	120	79	259	390	131
D	三楼客房	3 号楼梯无法使用	60	120	101	281	310	29
E	游轮内	畅通	60	120	708	888	—	—

从上表可以看出，只要通道畅通，客船内乘客是可以安全疏散出来的，但对于客房内人员疏散问题，由于客房空间较小，火灾蔓延迅速，所用疏散安全余量

较小，所以还需加强客房内乘客安全管理，积极疏导客房内人员疏散，同时外阳台也是可以作为客房人员安全疏散的有效途径。

本 章 小 结

本章分析人员水平疏散路径，考虑起火船舱内疏散人数，将疏散时间简化为三个阶段：报警时间、响应时间和疏散行动时间，并使用 Simulex 软件模拟过机船舶上人员由游船疏散至承船厢，再由承船厢疏散至塔柱整个疏散过程，确定在不同起火情景下所需的疏散时间。

第5章 升船机塔柱人员疏散

尽管进入塔柱水平疏散通道后，所处状态相对较为安全，但由于救援距离较远，救援途径与人员疏散途径重合，可能因突发事故造成延误，仍需考虑塔柱内人员疏散问题。

相对于一般民用建筑，升船机布置有电梯与楼梯两种疏散工具，疏散人员可以经 185.0m 坝顶或 84.0m 下游平台进行疏散，面临向上下平台疏散的路径选择问题。此外，救援工作可能受火灾发生位置以及升船机船厢停止位置的局限而影响救援效果。

为此，针对特大型升船机结构特征，分析疏散路径，计算停靠高度、楼梯使用比例、楼梯疏散方向等因素作用下的人员疏散时间，以塔柱人员疏散时间最短为目标，优化各条疏散路径的疏散流量，提高升船机疏散效率。

5.1 疏散路径

承船厢主要承载从引航道驶入的过往船舶，并在驱动装置作用下进行垂直升

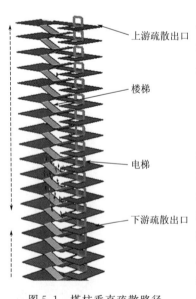

降。结构塔柱左右对称布置，从低到高分为多个楼层（F_1, F_2, F_3, …, F_n)，每层中均有电梯入口与楼梯入口，作为垂直应急疏散通道。垂直升船机往往布置有上下游两个疏散平台，上游疏散平台与坝顶相连，下游疏散平台与岸边道路相通。

上游疏散出口

楼梯

电梯

下游疏散出口

图 5.1 塔柱垂直疏散路径

过往船舶一旦发生火灾，承船厢停靠，船舶上的人群经承船厢内的可调节扶梯向上进入就近塔柱楼层，可以乘疏散电梯向距离最近的疏散平台疏散（路径1），也可以由楼梯向上游 185.0m 坝顶（路径2）或下游 84.0m 下游平台（路径3）疏散，如图5.1所示。假设 m 个疏散人员，使用楼梯比例 $\alpha \in [0,1]$，向上游疏散比例 $\beta \in [0,1]$，则三条疏散路径的人群流量分别为 $m(1-\alpha)$、

72

$ma\beta$、$ma(1-\beta)$。

5.2 疏散时间

5.2.1 电梯疏散时间

疏散人员使用电梯疏散（路径1）的疏散时间 T_e 包括电梯的行程时间 t_x 和停层时间 t_c：

$$T_e = \sum_{j=1}^{k} (t_x + t_c) \tag{5.1}$$

其中，k 为电梯的运行次数，与使用电梯的人员数量 $m(1-\alpha)$、电梯的最大荷载人数 z 有关：

$$k = \left\lceil \frac{m(1-\alpha)}{z} \right\rceil \tag{5.2}$$

停层时间 t_c 包括电梯的启闭时间 t_o、人员进入或离开电梯的时间 t_p：

$$t_c = 2\mu(t_o + t_p) \tag{5.3}$$

式中：μ 为停层时间损耗系数。

承船厢停靠后，疏散人员经承船厢内的可调节扶梯，向上进入就近塔柱内楼层（楼层高程 h），使用电梯向最近出口疏散，则电梯的运行路程：

$$h_e = \min(|h-H_1|, H_2-h) \tag{5.4}$$

式中：H_1 为下游疏散出口高程；H_2 为上游疏散出口高程。

电梯疏散运行从启动到停止通常包括加速、匀速和减速三个阶段，则电梯的行程时间 t_e 与电梯运行路程 h_e 大小有关。

（1）电梯的运行路程 h_e 较小（即 $h_e \leqslant \frac{V_m^2}{4a}$），未达到最大速度 V_m 就减速，即电梯运行只包括加速、减速阶段：

$$t_e = 2\sqrt{\frac{h_e}{a}} \tag{5.5}$$

（2）电梯运行路程 h_e 较大（即 $h_e > \frac{V_m^2}{a}$），电梯完整经历加速、匀速和减速三个阶段：

$$t_e = \frac{2V_m}{a} + \frac{h_e - \frac{V_m^2}{a}}{V_m} = \frac{h_e}{V_m} + \frac{V_m}{a} \tag{5.6}$$

5.2.2 楼梯疏散时间

（1）向上疏散。人群密度 D 是疏散走道上单位面积的人员水平投影面积，反映了人群的拥挤程度，是疏散的基本参数：

$$D = \frac{m\alpha f}{wc\sin\theta} \qquad (5.7)$$

式中：f 为人的平均水平横截面积；w 为楼梯的宽度；楼梯坡度 θ；c 为楼层层高。

人群沿楼梯上行速度是人群密度的函数：

$$V_1 = 0.564 - 0.0765D \qquad (5.8)$$

在火灾情况下，由于恐惧感的存在，导致疏散速度增大，则沿楼梯上行疏散速度：

$$V_u = \varepsilon V_2 \qquad (5.9)$$

式中：ε 为应急疏散速度修正系数。

疏散人群使用楼梯向上（路径 2 或路径 3）的疏散时间 T_{su} 与人群流动系数 g、向上疏散速度 V_u 等有关：

$$T_{su} = \begin{cases} \dfrac{H_1 - h}{V_u \sin\theta} + \dfrac{m\alpha(1-\beta)}{gw}, & H_1 > h \\[3mm] \dfrac{H_2 - h}{V_u \sin\theta} + \dfrac{m\alpha\beta}{gw}, & H_1 \leqslant h \end{cases} \qquad (5.10)$$

（2）向下疏散。同理，人群沿楼梯向下游疏散平台疏散时的疏散速度：

$$V_2 = 0.6502 - 0.0972D \qquad (5.11)$$

火灾情况下人群沿楼梯下行速度：

$$V_d = \varepsilon V_2 \qquad (5.12)$$

则人群沿楼梯向下游（路径 3）的疏散时间：

$$T_{sd} = \frac{h - H_1}{V_d \sin\theta} + \frac{m\alpha(1-\beta)}{kw} \qquad (5.13)$$

5.2.3　垂直疏散时间

比较三条疏散路径的疏散时间，取三者较大值作为升船机垂直疏散时间：

$$T(\alpha, \beta) = \max(T_1, T_2, T_3) \qquad (5.14)$$

5.3　疏散方案优化

5.3.1　目标函数

为了能够实现人员高效快速的疏散，就应该确保一旦发生火灾就能在最短时间内将所有待疏散人员安全送出安全出口。以疏散人群使用楼梯比例 α 及向上游疏散比例 β 为自变量，计算不同火灾发生高程组合情景下的垂直疏散时间。以垂直疏散时间最短为目标，确定火灾发生高程 H 下的疏散流量分配系数 (α_i, β_j)：

$$optT = \min_{(\alpha,\beta)} T = \min[T_4(0,0), \cdots, T_4(\alpha_i, \beta_j), \cdots T_4(1,1)] \quad i,j \in [1,N] \quad (5.15)$$

5.3.2 仿真流程

由于垂直升船机应急疏散涉及变量多，流量分配系数计算复杂，运算量大，因此利用改进粒子群算法进行仿真优化求解。初始化升船机停靠高程 H、楼梯比例 α_i 及向上游疏散比例 β_i 等参数，比较各路径的疏散时间，确定垂直疏散时间；将以此时 α_i、β_i 下的疏散时间看成局部最优，并与其他比例下的疏散时间信息与对比交换，不断迭代从而达到全局最优；确定在高程 H 下的最短疏散时间 $\min_{(\alpha,\beta)} T$、疏散流量分配系数 (α_i, β_j)。仿真流程如图 5.2 所示。

步骤一：设置升船机下游、上游疏散平台高程 H_1、H_2，升船机下游通航水位 a，上游水位 b，停靠高程 H，疏散人数 M，楼梯使用比例 α_i，上游平台疏散比例 β_i，$H \in [a,b]$、$a < H_1 < b < H_2$。

步骤二：初始化停靠高程 $H_0 = a$，楼梯使用比例 $\alpha_0 = 0$，上游疏散比例 $\beta_0 = 0$。

步骤三：计算三条疏散路径上楼梯向上疏散时间 T_{su}，楼梯向下的时间 T_{sd}，电梯疏散时间 T_e。

步骤四：比较三条疏散路径的疏散时间，计算垂直疏散时间 $T(\alpha, \beta)$。

步骤五：$\alpha_{i+1} = \alpha_i + 0.01$，若 $\alpha_{i+1} \leq 1$ 则重复步骤三至步骤五，若 $\alpha_{i+1} > 1$ 则转至步骤六。

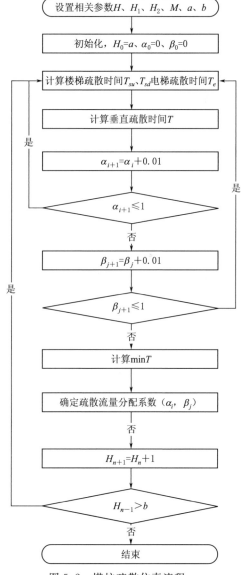

图 5.2 塔柱疏散仿真流程

步骤六：$\beta_{j+1}=\beta_j+0.01$，若 $\beta_{j+1}\leqslant 1$ 则重复步骤三至步骤六，若 $\beta_{j+1}>1$ 则转至步骤七。

步骤七：计算停靠高程 H_0 条件下的最短垂直疏散时间 $\min T^{H_0}_{(\alpha,\beta)}$。

步骤八：输出疏散流量分配系数（α_i，β_j）。

步骤九：$H_{n+1}=H_n+1$，若 $H_{n+1}\leqslant b$ 则重复步骤三至步骤九，若 $H_{n+1}>b$ 则仿真终止。

5.4　仿真结果

5.4.1　参数设置

三峡升船机通航水位为 $62\sim175$m，假设过坝船型极限载客量 900 人，疏散人群均匀进入四个塔柱疏散，4 部电梯运行速度为 2.5m/s，荷载人数为 19 人，4 处楼梯宽度为 250cm。协同疏散模式下的基本参数见表 5.1。

表 5.1　　　　　　　　　　　　基 本 参 数 表

参数符号	意　　义	参考值
A	人员的平均水平横截面积	0.113m^2
c	疏散楼层层高	3.5m
θ	楼梯坡度	45°
H_1	下游疏散平台高程	84m
H_2	上游疏散平台高程	185m
a	下游最低通航水位	62m
b	上游最高水位	175m

5.4.2　电梯疏散时间

疏散人员使用电梯经路径 1 疏散，电梯运行尽量满载，电梯的疏散时间在不同楼梯使用比例下与停靠高程的关系如图 5.3 所示。同一楼梯使用比例下，电梯的疏散时间 T_e 在 135m 处疏散时间最大，在 84m 下游疏散平台处最小。并且在同一高程下，电梯疏散时间 T_e 随楼梯使用比例增大而增加，表明当疏散人员距下游疏散平台和上游疏散平台越远，电梯使用次数越多，电梯疏散时间越长。

5.4.3　楼梯向上疏散时间

当停靠高程在下游疏散平台以下时，疏散人员经楼梯向上往下游疏散平台疏散（路径 3）；当停靠高程在上、下游疏散平台之间时，疏散人员向上往上游疏散平台疏散（路径 2），如图 5.4 所示。停靠高程$\in[62,84]$ 时，在同一楼梯使用比例下，疏散时间随停靠高程的增大而减小；在停靠高程固定条件下，楼梯使

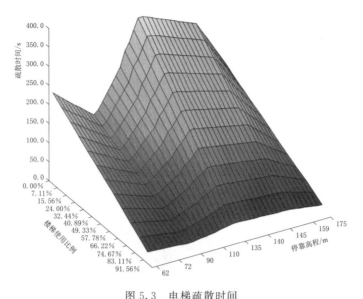

图 5.3 电梯疏散时间

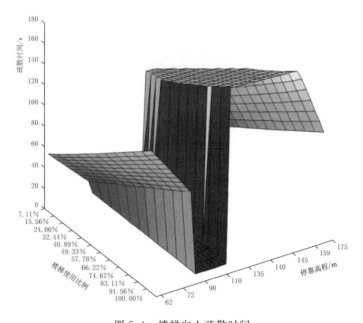

图 5.4 楼梯向上疏散时间

用比例越小，疏散时间越短，在 84m 下游疏散平台处 T_{su} 最小；停靠高程 $\in (84, 128]$ 时，疏散人员经楼梯往下游疏散平台疏散；停靠高程 $\in (128, 175]$ 时，相同楼梯疏散比例条件下，疏散时间随着停靠高程的增大而减小。由此说明当疏散人员距疏散平台越近、楼梯使用比例越小，楼梯疏散时间越小。

有且仅有路径 2、路径 3 疏散时间相等时，垂直疏散时间最短，由此可得在最优疏散条件下使用楼梯向上游疏散平台疏散的比例 β 随停靠高程和楼梯使用比例变化，如图 5.5 所示。当停靠高程 $\in[84,128)$ 时，疏散人员可直接经下游疏散平台疏散。当停靠高程 $\in[128,147)$ 时，在同一楼梯使用比例条件下，β 随停靠高程的增加而增大；在同一停靠高程下，β 随 α 的增大而增大。当停靠高程 $\in[147,175]$ 时，$\beta=1$。

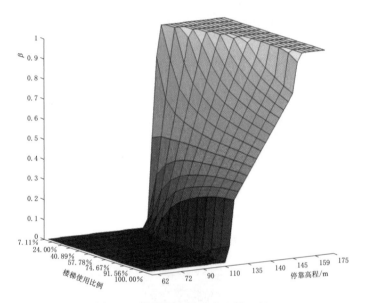

图 5.5　楼梯向上游平台疏散比例

5.4.4　楼梯向下疏散时间

　　在上、下游疏散平台之间，疏散人员使用楼梯向下由下游疏散平台疏散（路径 3），如图 5.6 所示。当高程 $\in[84,128)$ 时，相同楼梯使用比例下的楼梯向上疏散时间随停靠高程的增大而增大，当停靠高程 $\in[128,147)$ 时，楼梯使用比例固定，楼梯向上疏散时间随停靠高程的增大缓慢减小，并且停靠高程固定条件下楼梯使用比例越小，疏散时间越短。说明随着停靠高程与下游疏散平台距离逐渐增大，可以安排疏散人员同时向上或向下疏散，由此疏散时间减小。

5.4.5　疏散流量分配优化

　　垂直疏散时间随停靠高程、楼梯使用比例变化关系曲线如图 5.7 所示。楼梯使用比例固定，垂直疏散时间随停靠高程的增加呈先减小再增大再减小的变化规律；停靠高程固定，垂直疏散时间随楼梯使用比例的增大呈现先减小再增大的趋势；停靠高程 $\in[62,72]$ 时，适当调整楼梯使用比例可以使垂直疏散时间最短；停靠高程 $\in(72,110]$，与下游疏散平台距离减小，楼梯使用比例可进一步增大；

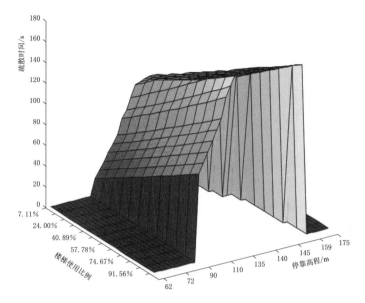

图 5.6　楼梯向下疏散时间

停靠高程∈(110,128]，与下游疏散平台距离逐渐增大，楼梯使用比例相对减小；
停靠高程∈(128,139]，此时疏散人群可同时向上、下游疏散平台疏散，楼梯使用比例相对增大；停靠高程∈(139,147] 疏散人群仍可同时向上、下游疏散平台疏散，但与下游疏散平台距离进一步增大，楼梯使用比例相对减小；停靠高程∈(159,175]，疏散人员距上游疏散平台距离减小，但人群只由上游平台疏散，楼梯使用比例相对不变。

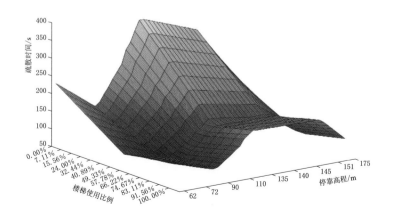

图 5.7　塔柱垂直疏散时间

在楼梯使用比例 α 最优的条件下，随高程的增加，使用经楼梯向上游平台疏散的比例 β 变化如图 5.8 所示。

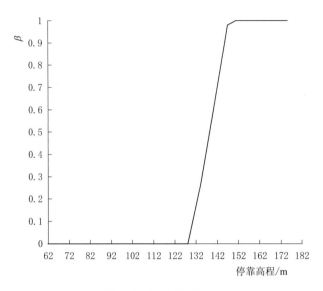

图 5.8　流量分配系数

结合图 5.7、图 5.8，不同停靠高程下的最优疏散路径流量分配如表 5.2 所示。

表 5.2　　　　　　　　　　　　　最优疏散路径流量分配

停靠高程	路径选择	流量分配	
		α	β
[62，72]	路径 1	57.78%	0
	路径 3		
(72，110]	路径 1	66.22%	0
	路径 3		
(110，128]	路径 1	57.78%	0
	路径 3		
(128，139]	路径 1	66.22%	如图 5.8
	路径 2		
	路径 3		
(139，147]	路径 1	57.78%	如图 5.8
	路径 2		
	路径 3		
(159，175]	路径 1	57.78%	1
	路径 2		

5.4.6 疏散人数对协同疏散时间的影响

以停靠高程 175m 为例，考虑电梯运行次数，电梯单次搭乘应保持满载，单个塔柱内疏散时间随疏散人数变化如图 5.9 所示。相同楼梯使用比例下的疏散时间随疏散人数的增大而增大，相同疏散人数、不同楼梯使用比例下的疏散时间不同。比较相同疏散人数、不同楼梯使用比例下的协同疏散时间确定最优疏散时间。疏散人数在［0，95］范围内，电梯使用人数为 38 人时的协同疏散时间小于其他楼梯使用比例下的协同疏散时间，即电梯使用人数为 38 人时的协同疏散时间为最优协同疏散时间；同理，在（95，152］范围内，电梯使用人数为 57 人时的协同疏散时间为最优疏散时间；在（152，200］，电梯使用人数为 76 人时的协同疏散时间为最优疏散时间。

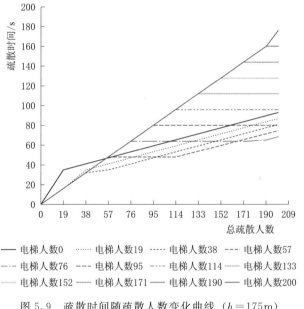

图 5.9　疏散时间随疏散人数变化曲线 （$h = 175$m）

最优协同疏散时间及敏感度随总疏散变化曲线如图 5.10 所示。最优疏散时间随总疏散人数增大而增大，敏感度随总疏散人数增大呈现先减小再增大往复变化趋势。疏散人数为 38、95、171 人时敏感度最小，为敏感度曲线转折点；比较楼梯、电梯疏散时间确定垂直疏散时间，比较垂直疏散时间确定最优疏散时间，总疏散时间在［0，38］、（95，114）、［171，190）之间时，由电梯疏散时间确定的垂直疏散时间最小为最优疏散时间，在（38，95］、（114，171）和［190，200］之间时，由楼梯疏散时间确定的垂直疏散时间最小为最优疏散时间；最优疏散时间的敏感度变化在由确定最小垂直疏散时间的楼梯、电梯疏散时间变化时最小。

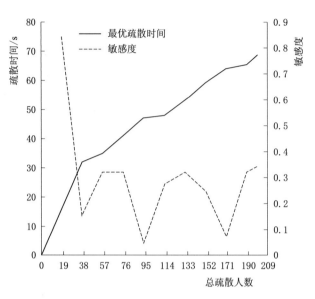

图 5.10　最优疏散时间对疏散人数敏感度变化曲线

5.4.7　停靠高程对协同疏散时间的影响

以疏散人数 800 人为例，疏散时间随停靠高程的变化曲线如图 5.11 所示。相同楼梯使用比例下的疏散时间随停靠高程的增大呈现先减小后增大再减小的趋势，并且疏散时间在高程 84m 下游疏散平台处最小，在高程 135m 处最大；相

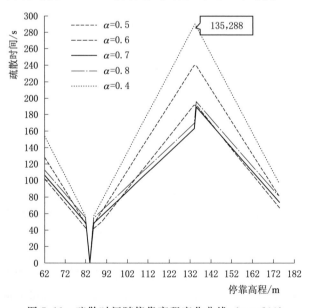

图 5.11　疏散时间随停靠高程变化曲线（$m=200$）

同停靠高程不同楼梯使用比例下的疏散时间不同。在高程［62,94］m 之间，楼梯使用比例为 0.6 时的协同疏散时间小于其他比例下的协同疏散时间，即楼梯使用比例为 0.6 时的协同疏散时间为最优协同疏散时间；同理，在（94,144］m 之间，楼梯使用比例为 0.7 时的协同疏散时间为最优协同疏散时间；在高程（144,175］m 之间，楼梯使用比例为 0.6 时的协同疏散时间为最优协同疏散时间。

　　最优协同疏散时间及敏感度随停靠高程变化曲线如图 5.12 所示。最优协同疏散时间随停靠高程增大呈现先减小后增大的变化趋势。在高程［62,94］m 之间，协同疏散时间由电梯疏散时间决定，电梯与下游疏散平台之间距离先减小后增大，最优协同疏散时间先减小后增大；在高程（94,144］m 之间，协同疏散时间仍由电梯疏散时间决定，此时电梯与下游疏散平台之间距离逐渐增大，最优协同疏散时间逐渐增大，在高程 135m 最大，但电梯距上游疏散平台距离逐渐减小，电梯向上游疏散平台停靠，最优疏散时间先增大后逐渐减小。同理，在高程（144,175］m 之间，电梯距上游疏散平台距离逐渐减小，故最优协同疏散时间减小。敏感度随停靠高程增大基本保持不变，且均大于 2；综上所述，最优协同疏散时间随停靠高程增加呈现先减小后增加再减小的变化趋势，最优协同疏散时间对停靠高程敏感度较高。

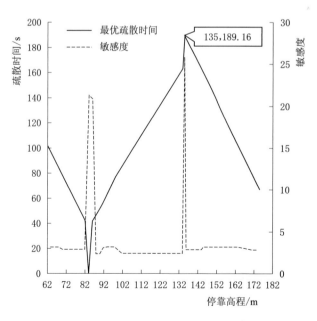

图 5.12　最优疏散时间对停靠高程敏感度变化曲线

本 章 小 结

（1）特大型升船机结构包络封闭，内部空间狭窄，应急疏散困难，合理分配各疏散路径上的人群流量直接关系疏散效率，分析垂直升船机疏散路径，比较计算电梯疏散时间、经楼梯向上疏散时间、经楼梯向下疏散时间，确定垂直疏散时间最短下的流量分配系数，并运用改进粒子群算法进行仿真模拟求解，可为垂直升船机初期火灾的应急疏散提供指导，提高疏散效率。

（2）案例结果表明：在高程［62,128)m 之间，所有疏散人员经路径 1 或路径 3 由下游疏散平台疏散，经楼梯向上游平台疏散比例为 0，并且距下游疏散平台越近，楼梯使用比例越大；在高程［128,147]m 之间，疏散人员可同时经三条路径经上、下游疏散平台疏散，并且距疏散平台越远，楼梯使用比例越小；在高程（147,175]m 之间，所有疏散人员经路径 1 或路径 2 由上游疏散平台疏散，经楼梯向上游平台疏散比例为 1。

（3）疏散场景模型及结果从理论上说明了垂直升船机疏散人群流量分配提高疏散效率的可行性和优越性。

第6章 升船机火灾应急预案

应急预案是应急救援系统的一个重要组成部分，对于如何在事故现场开展应急救援工作具有重要的指导意义，是现代应急管理中不可或缺的重要因素，对事故的应急处置有着极为重要的作用。国家相关法律法规对应急预案有明确的规定。针对各种特定的紧急情况制定行之有效的应急预案，不仅可以保障各种应急资源充足到位，还可以指导应急相关人员的日常培训与应急演练，可以指导应急行动有序进行，防止因现场救援工作的混乱、行动组织不力或沟通联络不畅而延误事故应急，从而达到降低人员伤亡和财产损失的目的。

6.1 事故风险分析

6.1.1 升船机火灾事故危险源

（1）升船机集控室、上下闸首、塔柱及承船厢上的配电设备与线路短路或老化、过机船舶的动力燃料引燃、船舶上的配电设备与线路短路或老化、船舶上厨房等部位因操作不当失火以及船上工作人员吸烟、乱扔烟头等不安全行为均为火灾事故危险源。如果发生火灾，将会造成人员伤亡和财产损失。

（2）枢纽管理局及所属部门、枢纽区域相关单位，首先辨识危险源，并针对危险源进行评估，制定相应防范措施。

6.1.2 火灾事故危害程度风险分析

（1）升船机本体建筑及设备火灾风险分析。升船机集控室、上下闸首、塔柱及承船厢上的配电设备与线路发生火灾时，火灾本身蔓延范围较小，但对升船机供电及控制设备影响较大，影响升船机上下闸首启闭机及承船厢的运行。

（2）升船机过机船舶火灾风险分析。

1）结构复杂，易发生轰爆。受船体的局限，船舶结构比较复杂，一艘船舶上可能有几十个不同用途的舱室和很多的通风空调设备，楼梯，舱内的通道和楼梯都比较狭窄，船上的出入口大都只能容一人通过。燃料或机舱部位发生火灾后，极易使油气混合物在内部有限空间发生轰爆现象。

2）烟雾大，能见度低。船舶发生火灾后，由于内部装修豪华，采用许多高分子装修材料等原因，易产生大量烟雾。特别是在主船体内，由于通风不畅，空间狭小，可燃物多等特点，发生火灾后，排烟难度比较大，能见度降低，从而影响战斗员的战斗行动。

3）火点隐蔽，不易发现。由于船舶一般情况下大部分面积均在水线以下，受船型设计的局限，发生火灾后，侦察通道少，船体内部结构复杂，各种设备多，火点较难发现，给火情侦察带来极大不便。

4）疏散救援困难，易造成人员的伤亡。船舶属于水上交通工具，具有载员多、载货量大的特点，而承船厢室相对封闭，外部救援力量难以就近发挥作用，发生火灾后，燃烧产生的烟雾不易扩散，船上人员、物资疏散困难，火灾救援难度较大，易造成群死群伤事件。

5）扑救难度大。船舶火灾历来是火灾扑救中的难点。船舶既有高层建筑的高度，又有地下建筑的特点，还有化工火灾的复杂，是集高层火灾、地下火灾、化工火灾、人员密集场所火灾、仓库火灾于一体的火灾类型。

6.1.3　升船机过机船舶火灾引发次生火灾风险分析

船舶失火后热传导性能很强。船体结构用钢板制造，其热传导性能比较强。起火后 5 分钟，温度上升到 $500 \sim 900 ℃$ 时，钢板被迅速加热成为导热系数很大的物质。通过焊接为一体的船体钢板的热传导，可使紧挨着的或靠近热源的可燃物质被引燃从而扩大火势。钢材的强度也迅速降低，出现膨胀变形，失去承重力。

因此，如过机船舶火灾失控，可能危及承船厢结构安全，影响提升钢丝绳强度，进而威胁升船机塔柱及顶部横梁结构安全，导致巨大的次生火灾风险。

6.2　处置程序

6.2.1　监测监控

（1）按照"高效、快捷"的原则，建立和完善以各种火灾事故的监测、预报、信息传输、分析处理为主要内容的预警服务系统和有效技术支持平台，提高预警能力。严格履行《中华人民共和国消防法》规定的火灾职责，积极预防枢纽升船机火灾事故的发生。

（2）严格执行交通部和公安部联合制定的《长江过闸船舶消防安全管理办法》，规范和加强各类过机船舶的火灾管理。

（3）船舶在过机时段，船上有关工作人员应处于戒备状态，加强火灾防范措施，做好应急救援准备。

（4）长航公安局宜昌分局和海事部门应当对港口锚地内过机船舶参照《长

三峡水利枢纽过闸船舶安全检查暂行办法》规定进行火灾检查，发现隐患并督促整改，及时消除火灾隐患，严防隐患船舶进入承船厢室。

（5）加强升船机自动消防设施的检测、维护，确保设备设施处于良好工作状态。

（6）利用建成的枢纽消防网络报警系统，消防指挥中心实时对枢纽升船机要害部位 24 小时不间断监视，利用系统功能第一时间发现、处置火警信息。

（7）利用升船机工业监控设备，长江三峡通航管理局升船机管理处对升船机运行情况进行全天候 24 小时不间断监视，发现情况立即向坝区消防指挥中心报告。

（8）建立与消防供水单位检查通报机制，通过定期或不定期检测，及时通报消防水池、水管网储水量、水压等情况，确保消防用水供给充足。

6.2.2 预警分级

根据预测分析结果，对可能发生和可以预警的火灾事件进行预警。预警级别依据火灾事件可能造成的危害程度、紧急程度和发展势态划分为四级：Ⅰ级（特别严重）、Ⅱ级（严重）、Ⅲ级（较重）和Ⅳ级（一般）。

（1）Ⅰ级火灾预警信息：有可能造成特别重大的经济损失、政治影响和特别重大人员伤亡、环境污染、爆炸、建筑物特别重大损坏等情况。

（2）Ⅱ级火灾预警信息：有可能造成重大经济损失、政治影响和重大人员伤亡、环境污染、爆炸、建筑物重大损坏，并有可能造成火灾事故升级。

（3）Ⅲ级火灾预警信息：有少数人员被困，可能会造成少数人员伤亡和较大经济损失的，无爆炸、环境污染等情况发生的，可能会造成火灾事故升级。

（4）Ⅳ级火灾预警信息：有少数人员被困，可能会造成少数人员伤亡和一般经济损失，无爆炸、环境污染等情况发生的，不会造成火灾事故升级。

6.2.3 预警行动

长江三峡通航管理局、长航公安局宜昌分局应根据季节、天气、气温、载客人数等情况，向过机船舶发布火灾预警。

（1）如预警等级为Ⅳ，长江三峡通航管理局报告应急办公室，同时做好过机船舶调度及升船机动火施工控制。

（2）预警等级为Ⅲ及以上时，长江三峡通航管理局报告应急办公室，应急办公室报告集团公司应急指挥中心。

6.2.4 信息报告

信息报告采取分级报送的原则。相关单位加强对火情的监控，对可能引发Ⅳ级或以上突发事件的征兆、险情，应及时上报应急办公室，应急办公室立即报应急指挥部指挥长和副指挥长。

（1）火灾事故报警。

发生火灾事故，现场施工人员、运行人员、管理人员、保卫人员应立即向武警宜昌市消防支队三峡特勤大队、长航公安局宜昌分局110指挥中心电话报警，在确认武警宜昌市消防支队三峡特勤大队、长航公安局宜昌分局110指挥中心已经接报后，向三峡枢纽升船机集控室和本单位24小时应急值班室报告。

（2）接到三峡枢纽升船机火灾事故报告后，长江三峡通航管理局升船机管理处应立即启动《三峡枢纽升船机火灾事故现场应急处置方案》，进行事故前期处置和救援，并及时向火灾事故应急办公室报告。

（3）接到三峡枢纽升船机处报警后，应急办公室向应急指挥部报告，由应急指挥部根据火灾事故情况确定是否启动本预案。

（4）报告内容及应急联络方式。

报告内容包括：①发生火灾的部位；②火灾的类型和态势；③现场人员和船舶情况；④组织扑救火灾和人员疏散情况等。

6.2.5　预案启动

（1）根据火灾事故特性特征，按可能造成的严重程度和涉及范围等，由高到低将火灾事故划分为特别重大（Ⅰ级）、重大（Ⅱ级）、较大（Ⅲ级）和一般（Ⅳ级）四个级别的火灾事故。

1）出现下列情况之一的为Ⅰ级火灾事故：可能造成死亡30人以上，或重伤100人以上，或直接财产损失1亿元以上的火灾。

2）出现下列情况之一的为Ⅱ级火灾事故：可能造成10人以上30人以下死亡，或者50人以上100人以下重伤，或者5000万元以上1亿元以下直接财产损失的火灾。

3）出现下列情况之一的为Ⅲ级火灾事故：可能造成3人以上10人以下死亡，或者10人以上50人以下重伤，或者1000万元以上5000万元以下直接财产损失的火灾。

4）出现下列情况之一的为Ⅳ级火灾事故：可能造成3人以下死亡，或者10人以下重伤，或者1000万元以下直接财产损失的火灾。

（2）发生Ⅲ级及以上火灾事故，应急指挥部下令立即启动本预案，并报集团公司应急办公室、宜昌市人民政府应急管理办公室和宜昌市三峡坝区工作委员会应急指挥部，请求启动高等级预案，根据事故级别立即向上级有关部门汇报、并请求支援。应急指挥部配合上级开展应急救援工作。

（3）发生Ⅳ级火灾事故，启动本预案并报集团公司应急办公室、宜昌市人民政府应急管理办公室和宜昌市三峡坝区工作委员会应急指挥部。应急指挥机构为应急指挥部,负责事故的抢险、善后等全部工作。

（4）发生Ⅳ以下火灾事件时,长江三峡通航管理局升船机管理处启动《三峡枢纽升船机火灾事故现场应急处置方案》进行现场处置并报应急办公室。

6.2.6 应急指挥协调

（1）火灾事件发生后,长江三峡通航管理局升船机管理处应立即启动本单位应急预案（图6.1）,全面负责本单位的应急工作,同时拨打武警宜昌市消防支队三峡特勤大队、长航公安局宜昌分局110指挥中心、应急办公室值班电话。

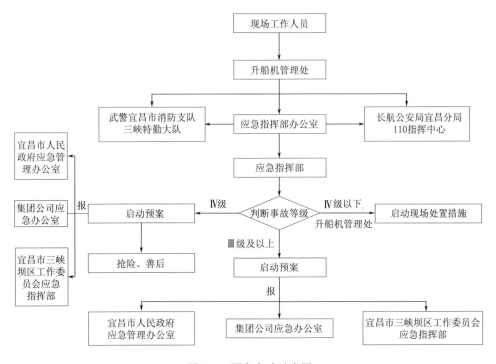

图 6.1 预案启动示意图

（2）发生Ⅲ级及以上火灾事件,由应急指挥部首先启动本预案进行先期处置,同时报集团公司应急办公室、宜昌市人民政府应急管理办公室和宜昌市三峡坝区工作委员会应急指挥部。并按以下程序和内容响应:

1）应急指挥部接到报告后,应急指挥部主要成员立即到位,由应急指挥部立即启动本预案先期进行处置,防止事故进一步扩大。

2）按照应急报告程序向集团公司应急办公室报告火灾事故情况,并及时续报突发事件发展状况及现场救援情况。

3）报告集团公司启动高等级应急预案。

（3）发生Ⅳ级火灾突发事件，由应急指挥部启动本预案进行处置，同时报集团公司应急办公室、宜昌市人民政府应急管理办公室和宜昌市三峡坝区工作委员会应急指挥部。并按以下程序和内容响应：

1）应急指挥部成员立即到位，启动本预案并开展应急救援工作。

2）根据现场情况，研究制定施救方案。

3）统一指挥和调配三峡枢纽一切有效资源。

4）立即上报集团公司应急办公室，并及时续报事态发展和现场救援情况。

（4）发生未达到Ⅳ级的火灾突发事件（可能造成一定后果或一定社会影响的突发事件），升船机管理处应立即启动《三峡枢纽升船机火灾事故现场应急处置方案》进行现场处置，并报应急办公室。

6.2.7 扩大应急响应

应急指挥部要及时掌握火灾处置情况，当事故灾难或险情的严重程度向Ⅲ级及以上火灾发展时，应及时报请集团公司应急办公室、宜昌市人民政府应急管理办公室和宜昌市三峡坝区工作委员会应急指挥部启动高等级应急预案。

6.2.8 应急结束

现场处置结束后，经应急指挥部批准，指挥长确定应急响应结束，救援工作小组撤离现场。善后处置组负责火灾事故调查工作，并将结果上报应急指挥部。

6.2.9 新闻与信息发布

按照《中国长江三峡集团公司突发事件新闻发布应急预案》的规定进行新闻与信息发布。

6.3 处置措施

6.3.1 处置原则

（1）指挥部接到长江三峡通航管理局升船机管理处要求启动本专项应急预案的报告后，立即对报告情况进行核实，确认后，由指挥长按程序发布启动命令。

（2）紧急组织预案各成员单位，调配一切有效救助手段，在最短的时间内赶赴现场，全力救助处于危险状态下的人员和重大设备，协调组织各成员单位负责人，必要时邀请行业专家，对事故状态进行分析，制定有效救助方案，控制事态进一步扩大，防止次生事故的发生。

（3）根据突发事件对周边通航水域的影响程度，协调长江三峡通航管理局及时发布航行通（警）告，通知过往船舶，督促采取安全防范措施。必要时组织实施临时交通管制、禁止船舶进出闸，为施救工作提供外围环境。

6.3.2 报警启动预案

升船机发生火灾事故，长江三峡通航管理局升船机管理处应及时按火灾报警程序报警并立即启动《三峡枢纽升船机火灾事故现场应急处置方案》，进行事故前期处置和救援，防止火灾事故进一步扩大。

6.3.3 处置人员集结

应急办公室接到报警后，指挥部、各行动小组和义务消防队迅速集结，启动各应急处置方案，展开灭火救援工作。

6.3.4 升船机本体火灾事故基本处置措施及程序

升船机本体建筑及设备火灾事故基本处置措施及处置程序如下：

（1）确定失火部位，评估火情发展趋势。

（2）划定警戒区域，实行交通管制。

（3）评估火情对升船机运行机构的影响，采取不同应急措施。

1）当承船厢空载时，升船机本体建筑及设备等任何部位发现火情，应立即停止承船厢运行，并在上下游采取管制措施，阻止任何船只进入升船机；

2）当承船厢内载有船只正在运行时，如果上、下闸首等与升船机承船厢运行无关的部位发生火灾事故，经评估不影响承船厢运行，此时应立即将承船厢运行到与失火部位相反的闸首对接，将船舶退出承船厢，待灭火结束后再恢复运行；

3）当承船厢内载有船只正在运行时，如果升船机船厢室段发现火情，经评估不影响承船厢运行，则应将承船厢向背离火灾点方向的闸首运行（如升船机船厢室段上闸首侧发现火情，则向下闸首运行，如升船机船厢室段下闸首侧发现火情，则向上闸首运行）、承船厢到达指定位置后与相应闸首对接，将船舶驶出承船厢，待灭火结束后再恢复运行；

4）当承船厢内载有船只正在运行时，如果升船机内设备发现火情影响升船机正常运行，则应立即停止承船厢运行。技术保障组获悉火情后迅速根据起火部位将起火一侧塔柱确定为警戒区，将对侧塔柱确定为疏散安全区，开启对侧安全区的防烟楼梯间正压送风系统，并迅速将船厢该侧的可调节楼梯与就近的塔柱水平疏散廊道对接，船上的旅客自船厢两侧的甲板和船厢上下游交通桥向安全区一侧疏散，并通过该楼梯进入塔柱的安全疏散通道，以帮助乘客脱离船厢，再经防烟楼梯间转移至高程 185.0m 坝顶或 84.0m 下游平台等远离升船机塔柱的安全地带；

5）长江三峡通航管理局升船机管理处现场员工应当于 1min 内形成灭火第

一战斗力量，在第一时间内采取如下措施：灭火器材、设施附近的员工利用现场灭火器、消火栓等器材、设施灭火；

6）安全出口或通道附近的员工负责引导人员进行疏散；

7）若火势扩大，应于3min内形成灭火第二战斗力量，并及时采取如下措施：本单位灭火救援组按照应急预案的要求通知预案涉及的员工赶赴火场，向火场指挥员报告火灾情况，根据火灾情况利用升船机消防器材、设施扑救火灾。

6.3.5　升船机过机船舶火灾事故基本处置措施及程序

升船机过机船舶火灾事故基本处置措施及处置程序如下：

（1）划定警戒区域，实行交通管制。

（2）确定船舶载物性质和被困人数。

（3）坚持"救人第一，优先保护工程安全，尽力扑救船只火灾"的指导思想，开展灭火救援工作。

（4）当承船厢载船运行时过机船舶发生火情，根据火灾大小及船舶所处位置采取不同应急措施。

1）立即开启防烟楼梯间正压送风系统。

2）长江三峡通航管理局升船机管理处评估火情大小确定是否立即停机，当火情发展迅猛危及船上人员生命安全时，应立即停机，优先开展人员疏散；当火情相对可控时，组织开展灭火救援及人员疏散的同时，应尽量将船舶下降到底与下闸首对接。

3）船厢停止运行后灭火救援组迅速将船厢两侧的可调节楼梯与就近的塔柱水平疏散廊道对接，进行人员疏散，船上的旅客自船厢两侧的甲板和船厢上下游交通桥向船厢两侧疏散，并通过可调节楼梯进入塔柱内的防烟楼梯间等安全疏散通道，以帮助乘客脱离船厢，再经防烟楼梯间转移至高程185.0m坝顶或84.0m下游平台等远离升船机塔柱的安全地带。

4）疏散过程中灭火救援组负责疏散的人员应做好船上人员的安抚和沟通工作，确保疏散救援信息能够有效传达。在救助前，利用扩音设备广播，稳定旅客情绪，防止旅客惊慌和跳水，引导其向承船厢两侧的甲板疏散。

5）当确认船上人员全部疏散完毕后，技术保障组指令升船机集控室根据火灾发生时承船厢所处的位置情况，迅速使承船厢运行至上闸或下闸首对接，考虑到对结构的影响，当情况允许时，优先与下闸首对接。

6）在救人的同时，由长航公安局宜昌分局指挥船长和船员利用船舶自身消防设施及承船厢配备的消防设施进行初期灭火，消防特勤大队协助扑救。当确认船上人员全部疏散完毕时，立即关闭机舱所有出口、通风口和窗户等，减少空气流通。如船舱火势仍在蔓延，可施放二氧化碳、高倍数泡沫灭火剂等进行封舱灭火。

7）若失火船舶难以退出承船厢室，当人员全部疏散后，启动承船厢室、承船厢船舷面消防水炮和塔柱疏散入口的消火栓等消防设备对失火船舶进行冷却和扑救，防止火势进一步蔓延。为避免着火船舶危及承船厢厢头门和钢丝绳安全，可视情况对承船厢厢头门和钢丝绳进行冷却保护。

6.3.6 灭火结束

灭火结束后检查火场，消灭余火，清点人员和装备，结束战斗。

6.3.7 善后处置

善后处置组进场保护现场，负责事故调查和配合上级事故调查组对火灾事故进行调查、取证、认定及火灾损失统计等。

本 章 小 结

本章通过分析特大型升船机火灾事故风险确定火灾事故危险源、火灾事故危害程度及次生火灾风险。制定了构建火灾事故的监测预警服务系统、进行预警分级采取预警行动、分级报送火灾信息、由不同应急单位启动不同的应急预案、上报应急结果并进行新闻发布的风险处置程序。确定了事故处置原则、报警预案启动、人员集结、事故处理及灭火结束后的善后等一般事故处置措施。制定的升船机火灾等突发事故紧急预案，有效规避了客船与其他船舶共闸过坝时潜在的安全风险，确保了事故发生时人员的紧急疏散和火灾能得以及时灭火。

第7章 应急救援协同决策

特大型升船机提升重量大，提升高度长，通航效率高，是大国重器，是国家航运关键基础设施，其可靠安全运行直接关系着船只过坝效率、航运通过能力、黄金水道发展。相对于其他突发事故，在相对封闭结构内的特大型升船机火灾事故的影响范围更加广泛、破坏的严重性更加突出、引发次生或衍生事故的概率更高。

为了及时有效地响应特大型升船机火灾事故，必须建立通航管理、海事、水文、消防、医疗等多部门联动的应急响应机制，进行跨部门协同应急决策。此外，火灾突发事故演化的不确定性，导致应急决策过程必须体现多部门、多目标以及多阶段特性，能够根据火灾事故局势发展动态调整应急处置方案。基于此，通过分析特大型升船机火灾事故应急响应特征，构建火灾事故协同决策模型，初始化应急处置方案，针对多阶段协同决策过程可能出现的变化，提出特大型升船机火灾事故的多阶段动态协同应急决策方法，以期为特大型升船机火灾应急救援提供决策支持。

7.1 协同应急响应特征

7.1.1 参与主体多部门性

我国大多数水电工程都地处山高水深、江水湍急的狭窄地带，远离城市，应急救援距离远。同时，受地质地形、升船机建筑结构等多因素影响，应急物资调度困难，应急施展空间受限，增加了应急救援难度。单纯依靠特大型升船机本身布置的消防设施，无法全面应付各种火灾突发事故。当火灾事故的严重程度、可控性、影响范围超出了特定的安全事故等级，将触发更高等级的应急响应，需要通航管理、海事、水文、消防、医疗等多部门联合开展应急救援工作。

7.1.2 应急响应多目标性

为了使特大型升船机突发火灾事故在复杂条件下能得到迅速、有效的控制，尽可能减少人员伤亡和财产损失，多部门协同应急响应需要把握突发性与不确定性，进行时间约束的多目标决策。同时，应急处置方案通常是参与协同应急响应部门的方案集合，各部门对涉及自身的部门方案也有多个评判维度，例如风险、成本、可行性等，因此协同考虑各个部门目标，优选出各部门都尽可能满意的应急处置方案，是及时、有效的应急响应保障。

7.1.3 多部门决策复杂性

对于复杂多变的特大型升船机火灾事故情景，受时间与信息约束，应急响应决策往往是跳跃式甚至是逆向的非程序化决策，无法遵循传统的程序化决策过程。且参与火灾事故的协同应急响应的部门之间关系复杂多样，有的是独立关系——彼此决策不受影响，有的是依赖关系——部门决策可能往往根据几个相关部门的决策而协同做出，协调工作量大。总之，特大型升船机火灾事故的突发性与严重性、应急救援的紧迫性、组织协同的复杂性，导致特大型升船机火灾事故的协同决策过程错综复杂。

7.1.4 决策主体的开放性

受时间与信息约束，特大型升船机火灾事故应急决策往往是跳跃式甚至是逆向的非程序化决策。随着火灾事故的衍生、扩散、发展，事故影响范围、破坏严重性会随着时间窗的变化而不断改变，火灾事故应急决策主体可能发生变动，决策主体之间的拓扑结构亦会变化。如果增加新的协同应急部门，将与现有特大型升船机火灾应急指挥机构建立新的联系；相反，如果撤出某些协同应急部门，那么与现有的应急决策指挥机构脱离原有的联系，导致原有连通性发生变化。

7.2 火灾协同应急决策

7.2.1 协同网络

借鉴有向网络图表征应急决策过程，建立特大型升船机火灾事故的协同应急决策的协同网络：以顶点表示参与决策部门，如果部门 n 的决策会影响到部门 m 的决策，则从顶点 m 向顶点 n 连一条有向边。假设协同网络的邻接矩阵为 $A\{A(m,n)\}$，$A(m,n)$ 表示部门 m 和部门 n 在网络中的连接关系。

$$A(m,n)=\begin{cases}1, & \text{顶点 } m \text{ 有一条边指向顶点 } n \\ 0, & \text{顶点 } m \text{ 无一条边指向顶点 } n\end{cases} \quad (7.1)$$

特大型升船机火灾事故的应急决策的核心部门——应急指挥中心，其对于每个部门方案的选取都必须参与决策，因此在协同网络上它会向其他每个部门的顶点都连一条有向边。

7.2.2 协同矩阵

每个部门方案的认可程度一方面取决于自身对于方案的认可程度；另一方面也取决于受其影响的部门对其方案的认可程度。因此，结合这两种认可程度。定义特大型升船机火灾事故的应急决策的协同矩阵，表征与反映各个部门之间决策的影响程度。

协同矩阵 M 的元素 $M(m,n)$ 表示部门 m 对部门 n 的协同系数，即部门 m 对部门 n 决策的影响程度。根据协同网络定义，如果两个部门没有边相连，则对应的 M 中的协同系数即为 0。对角线上的元素 $M(m,m)$ 表示部门 m 对自己方案的影响程度，可看成是部门 m 对自己的协同系数。

7.2.3 协同优化

为了建立特大型升船机火灾事故协同应急决策模型，对其中的一些变量与参数进行定义，见表 7.1。根据表 7.1 中的定义，可以计算各部门对部门 m 的方案 x_{mj_m} 在标准 a 下的综合满意度：

$$s_a(x_{mj_m}) = M(m,m)s_a^{self}(x_{mj_m}) + \sum_{t:A(t,m)=1} M(t,m)s_a^{other}(x_{mj_m} \mid x_{tj_t})$$

$$(7.2)$$

各部门对应急处置方案 C 在标准 a 下的综合满意度：

$$s_a(C) = (s_a(x_{1j_1}), \cdots, s_a(x_{mj_m}), \cdots, s_a(x_{Nj_N}))$$

$$(7.3)$$

表 7.1   协同应急决策参数定义

变　量	含　　义
N	部门数目
e	评价标准数目
$P_m = \{x_{m1}, \cdots, x_{mq_m}\}$	部门 m 的方案集合，其中 q_m 表示部门 m 的方案数目
$C = (x_{1j_1}, \cdots, x_{mj_m}, \cdots, x_{Nj_N}), \ j_m \leqslant q_m$	应急处置方案
$s_a^{self}(x_{mj_m})$	部门 m 对自身方案 x_{mj_m} 在标准 a 下的满意度
$s_a^{other}(x_{mj_m} \mid x_{tj_t})$	部门 t 选择方案 x_{tj_t} 时对方案 x_{mj_m} 在标准 a 下的满意度
$s_a(x_{mj_m})$	各部门对部门 m 的方案 x_{mj_m} 在标准 a 下的综合满意度
$s(C) = (s_1(C), \cdots, s_a(C), \cdots, s_e(C))$	各部门对应急处置方案 C 的综合满意度

特大型升船机火灾事故的协同应急决策问题，归根到底是为了选出一个尽可能满足各方利益的应急处置方案。因此，以综合满意度最大为目标，将特大型升船机火灾事故的协同应急决策问题转化为一个多目标协同决策优化模型，由于 $s_a(C)$ 为一个 N 维向量，因此计算其最大范数：

$$\max\{\|s_1(C)\|, \cdots, \|s_a(C)\|, \cdots, \|s_e(C)\|\}$$

$$s.t. \begin{cases} s_a(x_{mj_m}) = M(m,m)s_a^{self}(x_{mj_m}) + \sum\limits_{t:A(t,m)=1} M(t,m)s_a^{other}(x_{mj_m} \mid x_{tj_t}) \\ M(m,n) \geqslant 0 \\ 0 \leqslant s_a^{self}(x_{mj_m}) \leqslant 1 \\ 0 \leqslant s_a^{other}(x_{mj_m} \mid x_{tj_t}) \leqslant 1 \\ A(t,m) = 1 \\ \forall m \in \{1,2,\cdots,N\}, n \in \{1,2,\cdots,N\}, a \in \{1,2,\cdots e\}, t \in \{1,2,\cdots,N\} \end{cases}$$

$$(7.4)$$

其中 $\|s_a(C)\|$ 表示向量 $s_a(C)$ 的范数。

7.2.4　模型求解

通过确定各个评价标准的权重，可将多目标协同决策优化模型转化为单目标优化问题。评价标准 a 的权重 $w(a)$ 可由相关人员制定，也可以采取 AHP 方法，通过指标两两比较，计算每个指标的得分在总分中所占比例，将其视为权重：

$$\max\{\|s_1(C)\|,\cdots,\|s_a(C)\|,\cdots,\|s_e(C)\|\}=\max\sum_{a=1}^{e}\|w(a)s_a(C)\| \qquad (7.5)$$

7.3　应急处置方案初始化

应急处置方案通常是参与特大型升船机火灾事故协同应急决策部门的方案集合，各部门对涉及自身的部门方案也有多个评判维度，例如风险、成本、可行性等，因此优选应急处置方案必须协同考虑各个部门目标。

7.3.1　部门方案评价

为量化部门方案的认可程度，首先需要让协同部门对自身方案在 e 个评价标准上进行打分评价。分数为 0 到 1 之间，得分越大表示对该方案越认可。记部门 m 对自身方案 x_{mj_m} 在标准 a 下的评价为 $s(m,x_{mj_m},a)$。

存在依赖关系的部门，为全面量化方案认可程度，还需受其影响的部门对其方案进行打分评价。即在 $A(m,n)=1$ 时，让部门 m 对部门 n 的每个方案在 e 个评价标准上进行打分评价，打分标准类似。必须注意的是部门 m 对部门 n 的方案评价与部门 m 自身方案有关。记部门 m 在自身方案 x_{mj_m} 的情况下对部门 n 方案 x_{nj_n} 在标准 a 上的评价为 $s(n,x_{nj_n},m,x_{mj_m};a)$。

7.3.2　处置方案评价

记应急处置方案 C 来自部门 m 的方案为 $C(m)$，根据部门方案评价分析，其在评价标准 a 下的评价：

$$s(C(m),C;a)=\sum_{n:A(n,m)=1}M(n,m)s(m,C(m),n,C(n);a)$$
$$+M(m,m)s(m,C(m);a) \qquad (7.6)$$

应急处置方案的综合评价为其所在部门方案评价组成的向量。若有 N 个部门，则应急处置方案 C 在评价标准 a 下的评价为

$$s(C;a)=(s(C(1),C;a),\cdots,s(C(m),C;a),\cdots,s(C(N),C;a)) \qquad (7.7)$$

7.3.3　处置方案优选

结合在各评价标准 a 上的评价 $s(C;a)$ 及评价标准权重 $w(a)$，应急处置方案的综合评价：

$$s(C) = \sum_{a=1}^{e} w(a)s(C;a) \tag{7.8}$$

由式 (7.8) 可知，$s(C)$ 仍然是一个 N 维的得分向量，需比较不同应急处置方案的得分向量，可利用加权的方法计算各应急处置方案的综合评价。记应急处置方案 C 的综合评价向量的元素 $S(1)$，$S(2)$，…，$S(e)$，则应急处置方案 C 的综合评价：

$$S(C) = \sum_{m=1}^{e} b(m)S(m) \tag{7.9}$$

式中：$b(m)$ 为部门 m 的重要性，可由应急指挥中心专家给出。

对各应急处置方案的综合评价进行大小排序，即可优选出初始化的应急处置方案。

7.4　应急处置方案修正

特大型升船机火灾事故演化的不确定性，导致特大型升船机火灾事故多阶段的协同应急需要根据突发事故发展，情景分析多部门协同过程变化对应急决策的影响，更新计算应急处置方案评价，动态修正与调整应急处置方案。记部门 m 在初始化应急处置方案中所做的最优决策为 $F(m)$。

7.4.1　方案评价调整

随着特大型升船机火灾事故演化，在参与协同应急部门不变、各部门方案集合不变的情况下，部门方案的评价可能发生变化。应急处置方案的协同决策过程不变，仅需要调整部门方案的评价，重新让每个协同部门对自身方案在 e 个评价标准上进行打分评价。

此时部门方案的评价和初始决策阶段的评价不同，是建立在部门 m 已经做出了决策 $F(m)$ 和现在事故局势发生改变的情况下的条件分。调整部门方案需要考虑成本等方面代价，因此会降低新的部门方案在成本等评价标准上的得分。同时由于局势的变化，可能出现新的部门方案在其他评价标准上的得分变高，因此有可能存在新的最优决策。

记部门 m 对自身方案 x_{mj_m} 在标准 a 下的条件分 $s(m, x_{mj_m}; a \mid F(m))$，应急处置方案 C 来自部门 m 的方案 $C(m)$ 在评价标准 a 下的评价：

$$\begin{aligned} s(C(m), C, a) = & \sum_{n:A(n,m)=1} M(n,m)s(m, C(m), n, C(n); a) \\ & + M(m,m)s(m, C(m); a \mid F(m)) \end{aligned} \tag{7.10}$$

7.4.2　部门新增方案

随着特大型升船机火灾事故局势的变化，某个部门可能出现新的方案，应急处置方案的集合发生了变化。此时应急处置方案的协同决策过程的改变包括：新增方案的部门对自己的所有方案进行打分评价；受到新方案影响的部门对新增方案的评价。此时应急处置方案 C 来自部门 m 的方案 $C(m)$ 在评价标准 a 下的评价：

$$s(C(m),C,m)=\begin{cases}\sum\limits_{n:A(n,m)=1}M(n,m)s(m,C(m),n,C(n);a)\\\quad+M(i,i)s(m,C(m);a\mid F(m)),\text{部门 }m\text{ 新增方案}\\\sum\limits_{n:A(n,m)=1}M(n,m)s(m,C(m),n,C(n);a)\\\quad+M(i,i)s(m,C(m);a),\text{部门 }m\text{ 未增方案}\end{cases}$$

$$(7.11)$$

7.4.3 加入协同部门

随着特大型升船机火灾事故的发展与扩散，可能有新的协同部门加入，应急处置方案的集合发生了变化。此时应急处置方案的协同决策过程的改变包括：新加入的协同部门 m 对影响其的部门方案进行打分评价。

需要重构突发事故应急的协同网络，根据协同系数定义，确定新加入部门和原部门之间的协同系数，计算重构后的协同矩阵 M'，则应急处置方案 C 来自部门 m 的方案 $C(m)$ 在评价标准 a 下的评价：

$$s(C(m),C,a)=\sum_{n:A(n,m)=1}M'(n,m)s(m,C(m),n,C(m);a)$$
$$+M'(m,m)s(m,C(m);a)$$

$$(7.12)$$

7.4.4 协同部门撤出

随着特大型升船机火灾事故的消亡，可能有协同部门逐渐撤出。此时，需要重构协同网络，去除协同矩阵与撤出协同部门相关的行和列，不需要进行新的评价。

随着特大型升船机火灾事故局势的不断发展，可以实时的重复上述四种操作，更新计算应急处置方案评价，动态修正应急处置方案，使得协同应急决策成为一个随着事故局势发展不断调整的多阶段动态决策过程。

7.5 案例分析

7.5.1 备选方案拟定

某特大型升船机突发火灾事故，事故造成较大人员伤亡和经济损失。由于现场救援空间受限，防止救援道路堵塞，可能实施交通限行的措施。

为了简化，只考虑事故牵扯到的三个最为相关的部门：应急指挥中心、消防救援机构、医疗服务机构。事故发生以后，各部门迅速响应分别提出自己的应急方案，见表 7.2。

表 7.2 　　　　　　　　　　各部门应急方案

应急指挥中心	医疗服务机构	消防救援机构
A1 正常通行	B1 中型救护车队	C1 大型消防车
A2 部分交通限行	B2 小型救护车队	C2 中型消防车

7.5.2　协同应急决策

首先建立特大型升船机突发火灾事故三个应急救援部门之间的协同网络和协同矩阵，应急指挥中心的方案对医疗服务机构和消防救援机构的方案产生影响，比如交通限行不利于大中型消防车、救护车现场通行。由于特大型升船机应急救援现场空间有限，医疗服务机构和消防救援机构之间也存在一个互相协同的问题。如果消防救援机构使用大型消防车，那么他们更希望医疗服务机构占用空间少，采用小型救护车队，这样更利于自己部门开展工作；反过来，如果医疗服务机构采用中型救护车队，那么他们更希望消防救援机构采用中型消防车。

确定协同矩阵的时候，影响别的部门的那些部门自己对自己的协同系数 m 为定值，不影响其他部门决策的部门，其自身协同系数为 1。为简化问题，假定互相影响决策的部门，则其两两间的协同系数相等。

主要考虑三个评价标准：成本、可行性、效果，通过对突发事故严重程度、可控性、影响范围的分析，确定评价标准的初始权重向量 (0.1，0.4，0.5)。为量化部门方案的认可程度，让协同部门对自身方案在三个评价标准上进行评价，见表 7.3。

表 7.3 　　　　　　　　　　部门对自身方案评价

评价标准	方案 A1	方案 A2	方案 B1	方案 B2	方案 C1	方案 C2
成本	0.6	0.8	0.5	0.8	0.4	0.9
可行性	0.8	0.5	0.6	0.8	0.6	0.8
效果	0.6	0.9	0.9	0.6	0.9	0.5

存在依赖关系的部门，还需受其影响的部门对其方案进行评价。医疗服务机构和消防救援机构都需要对应急指挥中心的方案进行评价，同时医疗服务机构和消防救援机构也需要对彼此的方案进行评价。需要注意的是：对别的部门的方案评价与自己选择的方案有关，部门间方案评价见表 7.4。

表 7.4   部 门 间 的 方 案 评 价

方 案	方案 A1	方案 A2	方案 B1	方案 B2	方案 C1	方案 C2
方案 B1	0.3	0.8	—	—	0.4	0.6
方案 B2	0.4	0.9	—	—	0.5	0.7
方案 C1	0.3	0.8	0.4	0.8	—	—
方案 C2	0.4	0.9	0.5	0.9	—	—

依据式（7.6），计算应急处置方案评价。因为每个应急处置方案由三个部门方案构成，因此应急处置方案的评价得分是一个三维的向量，见表 7.5。

表 7.5   初始化的应急处置方案评价

应急处置方案	得分向量的第一个分量	得分向量的第二个分量	得分向量的第三个分量
A1B1C1	$(0.3+0.3)/2\times(1-M)+M\times0.68$	$0.4\times(1-M)+M\times0.74$	$0.4\times(1-M)+M\times0.73$
A1B1C2	$(0.3+0.4)/2\times(1-M)+M\times0.68$	$0.5\times(1-M)+M\times0.74$	$0.6\times(1-M)+M\times0.66$
A1B2C1	$(0.4+0.3)/2\times(1-M)+M\times0.68$	$0.8\times(1-M)+M\times0.7$	$0.5\times(1-M)+M\times0.73$
A1B2C2	$(0.4+0.4)/2\times(1-M)+M\times0.68$	$0.9\times(1-M)+M\times0.7$	$0.7\times(1-M)+M\times0.66$
A2B1C1	$(0.8+0.8)/2\times(1-M)+M\times0.73$	$0.4\times(1-M)+M\times0.74$	$0.4\times(1-M)+M\times0.73$
A2B1C2	$(0.8+0.9)/2\times(1-M)+M\times0.73$	$0.5\times(1-M)+M\times0.74$	$0.6\times(1-M)+M\times0.66$
A2B2C1	$(0.9+0.8)/2\times(1-M)+M\times0.73$	$0.8\times(1-M)+M\times0.7$	$0.5\times(1-M)+M\times0.73$
A2B2C2	$(0.9+0.9)/2\times(1-M)+M\times0.73$	$0.9\times(1-M)+M\times0.7$	$0.7\times(1-M)+M\times0.66$

分两种特殊情况：不考虑协同 $M=1$ 和考虑协同 $M=0.5$，对应急处置方案进行综合评价。以人为本为事故应急处置基本原则，因此假设医疗服务机构对整个事故应急响应的重要性为 0.5，其他两个部门重要性均为 0.25，则初始化的应急处置方案综合评价，见表 7.6。

表 7.6   初始化的应急处置方案综合评价

应急处置方案	A1B1C1	A1B1C2	A1B2C1	A1B2C2	A2B1C1	A2B1C2	A2B2C1	A2B2C2
不考虑协同	0.7225	0.7050	0.7025	0.6850	0.7350	0.7175	0.7150	0.6975
考虑协同	0.5488	0.5963	0.6575	0.7050	0.6175	0.6650	0.7263	0.7738

7.5.3 方案动态调整

经过及时响应与处置，特大型升船机火灾事故得到了初步控制。重新评估突发事故局势，在参与事故应急的协同部门不变的情况下，确定评价标准的权重向量（0.3，0.5，0.2）。应急处置方案的协同决策过程不变，仅需要调整部门方案的评价，更新计算应急处置方案评价，见表 7.7。

表 7.7　　　　　　　　　　更新应急处置方案评价

应急处置方案	得分向量的第一个分量	得分向量的第二个分量	得分向量的第三个分量
A1B1C1	$(0.3+0.3)/2\times(1-M)+M\times0.7$	$0.4\times(1-M)+M\times0.63$	$0.4\times(1-M)+M\times0.6$
A1B1C2	$(0.3+0.4)/2\times(1-M)+M\times0.7$	$0.5\times(1-M)+M\times0.63$	$0.6\times(1-M)+M\times0.77$
A1B2C1	$(0.4+0.3)/2\times(1-M)+M\times0.7$	$0.8\times(1-M)+M\times0.76$	$0.5\times(1-M)+M\times0.6$
A1B2C2	$(0.4+0.4)/2\times(1-M)+M\times0.7$	$0.9\times(1-M)+M\times0.76$	$0.7\times(1-M)+M\times0.77$
A2B1C1	$(0.8+0.8)/2\times(1-M)+M\times0.67$	$0.4\times(1-M)+M\times0.63$	$0.4\times(1-M)+M\times0.6$
A2B1C2	$(0.8+0.9)/2\times(1-M)+M\times0.67$	$0.5\times(1-M)+M\times0.63$	$0.6\times(1-M)+M\times0.77$
A2B2C1	$(0.9+0.8)/2\times(1-M)+M\times0.67$	$0.8\times(1-M)+M\times0.76$	$0.5\times(1-M)+M\times0.6$
A2B2C2	$(0.9+0.9)/2\times(1-M)+M\times0.67$	$0.9\times(1-M)+M\times0.76$	$0.7\times(1-M)+M\times0.77$

同理，分 $M=1$ 和 $M=0.5$ 两种情况，更新计算应急处置方案的综合评价，见表 7.8。

表 7.8　　　　　　　　　更新应急处置方案综合评价

应急处置方案	A1B1C1	A1B1C2	A1B2C1	A1B2C2	A2B1C1	A2B1C2	A2B2C1	A2B2C2
不考虑协同	0.6400	0.6825	0.7050	0.7475	0.6325	0.6750	0.6975	0.7400
考虑协同	0.5075	0.5850	0.6588	0.7363	0.5663	0.6438	0.7175	0.7950

7.5.4　结果分析

对各应急处置方案的综合评价进行大小排序，即可根据多部门协同过程出现的变化，优选出不同阶段的应急处置方案，见表 7.9。通过对比分析，可得到以下结论：

表 7.9　　　　　　　　　　应急处置方案优选

是否考虑协同	初始化的应急处置方案	修正的应急处置方案
不考虑协同	A2B1C1	A1B2C2
考虑协同	A2B2C2	A2B2C2

（1）在应急响应初级阶段，更加注重应急救援效果，如果不考虑协同，则最优方案为 A2B1C1，考虑协同则是 A2B2C2。所以较少考虑成本因素的应急决策阶段，如果不考虑各部门协同的话，那么各个单位都会选择自身最满意的方案，而不考虑方案给其他部门带来的负担。

（2）如果不考虑部门之间的协同作用，由此优选出的方案可能存在可行性问题，例如初始化的应急处置方案 A2B1C1，医疗服务机构和消防救援机构同时使用中型救护车队与大型消防车会引起交通不畅，现场应急救援空间拥堵。充分说明了协同决策的意义——充分考虑到各部门的利益，给出一个各部门都尽可能满意的决策。

（3）随着事故局势的好转，更加注重成本与可行性因素，如果不考虑协同，则最优方案为 A1B2C2，考虑协同则是 A2B2C2。因为对于应急指挥中心来说，两方案成本差距不大，方案 A2 却可以带来更好的效果，更重要的是方案 A2 显著的更受协同部门认可，因此有理由选择 A2 方案。

（4）通过对比初始化的应急处置方案与修正的应急处置方案，多阶段的协同应急决策方法可以根据突发事故局势的发展，动态修正与调整应急处置方案，能够适应多部门协同过程可能出现的变化。

本 章 小 结

（1）分析特大型升船机火灾事故应急救援的参与主体多部门性、应急响应多目标性、多部门决策复杂性、决策主体的开放性等特征，借鉴有向网络图，提出与定义协同网络、协同矩阵等概念，将特大型升船机火灾事故的协同应急决策问题抽象成多目标协同决策优化模型。

（2）考虑部门依赖，协同各部门目标，初始化应急处置方案，根据特大型升船机火灾事故的多阶段协同决策过程中可能出现的变化，分析其对应急决策的影响，更新计算应急处置方案评价，动态调整与修正应急处置方案，使得协同应急决策成为一个随着特大型升船机火灾事故局势发展不断调整的多阶段动态决策过程。

（3）多部门参与的多阶段动态协同应急决策方法充分考虑了特大型升船机火灾事故参与应急救援部门之间的协同作用，反映了应急决策的动态性，可以完善和丰富应急决策的理论和方法，而且为多部门协同参与的动态应急决策提供了理论与方法基础。

第8章 应急响应效能评估

特大型升船机火灾事故应急响应效能是评价应急响应行动迅捷、应急响应过程优劣、应急处置效率的重要标准。然而，面对多状态的火灾事态演变情景，特大型升船机火灾事故应急响应的信息与资源流向多变，应急响应程序由活动、状态、过程相互交织而成，应急响应流程复杂。此外，参与应急响应的部门之间关系复杂多样，应急管理部门之间、层次之间、政府与社会之间还缺乏制度化的沟通协作，导致事故应急响应的效能与突发事故的快速反应要求还存在一定差距。因此，开展特大型升船机火灾事故应急响应效能研究，对于强化特大型升船机火灾事故应急能力、及时处置并有效遏制事故衍生扩散具有重要意义。

应急流程集成是提高应急救援系统运行效率、增强应急管理柔性的一种全面集成方式，应急流程建模和仿真可以为应急流程的分析和优化提供依据。然而，传统的流程图、状态转换图、活动网络图等工作流模型无法清晰表达协同关系复杂的特大型升船机火灾事故应急响应逻辑流程。加之，应急资源的协同流转方向具有不确定性，特大型升船机火灾事故应急响应活动耗时具有随机性、模糊性，传统 Petri 网模型也无法描述其随机状态下的应急响应效能。因此，拟借助 Petri 网建模优势，考虑活动耗时的模糊性，梳理特大型升船机火灾事故应急响应流程，建立特大型升船机火灾事故应急响应流程模糊 Petri 模型，计算应急响应效能指标，为提高应急救援系统运行效率、增强应急管理柔性提供依据。

8.1 协同应急响应流程

特大型升船机火灾事故应急响应流程是以应急启动、决策、行动以及恢复 4 个环节为逻辑主线，依据特大型升船机火灾事故的类别、可能造成的危害程度、紧急程度和发展态势，被划分为事件判定、应急处置、应急结束、后期处置等过程。其主要流程内容如下。

（1）特大型升船机火灾事故一旦发生，按照属地为主的原则，各二级单位（部门）全面负责本单位（部门）应急救援工作，对所报送的事故信息先期处理，并进行事态分析，初步确定响应级别。

（2）应急主管部门综合突发事件的性质、严重程度、可控性、影响范围等因素成立应急指挥中心，应急指挥中心根据事态分析结果及应急响应确定的级别，启动应急程序或公共应急响应平台。

（3）遵照应急预案中相应响应级别的程序和要求，合理有效地调配应急资源，迅速展开应急救援行动，当事态超出响应级别无法得到有效控制时，向应急中心请求实施更高级别的应急响应，实现以地方政府、上级单位以及事发二级单位等多主体应急联动响应。

（4）事件处置完毕后，依次展开现场清理、人员清点和撤离、警戒解除、善后处理和事故调查等应急恢复阶段工作；直到事件得以控制时，关闭执行应急程序，结束后将事故处置工作情况整理成报告并上报。

具体的特大型升船机火灾事故应急响应程序如图 8.1 所示。

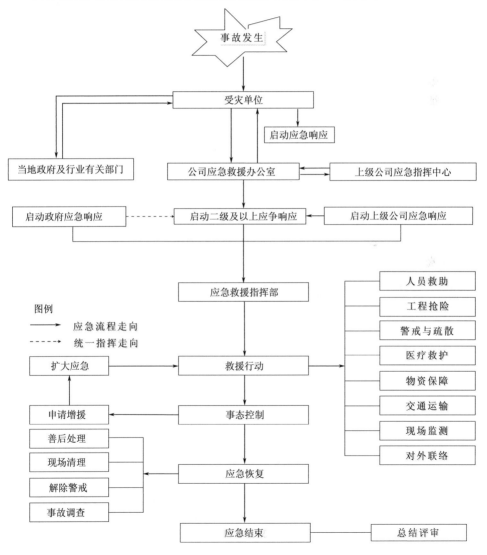

图 8.1　特大型升船机火灾事故应急响应流程图

8.2 应急响应流程效能分析

建立应急响应流程模型是应急响应效能分析与评价的重要基础，而流程建模工具的合理选择是其前提。Petri 网将变迁与随机的指数分布引发延时相联系，考虑活动时间因素，给 Petri 网的每个变迁相关联一个引发速率，可解决工作流中活动发生时间问题。目前，这一理论已广泛应用于动态离散系统的性能分析与控制研究，适应于特大型升船机火灾事故应急响应过程建模。本文综合考虑应急响应措施之间相互关联、相互制约及并行和同步关系，综合运用 Petri 网建模方法构建应急响应模型，计算响应流程效能指标，进一步剖析应急流程信息拥挤的瓶颈环节及事件应急处置的关键节点，为应急响应流程是否合理、高效、可靠提供评判依据。

8.2.1 应急响应 Petri 网

（1）Petri 网的定义。

Petri 网表示为一个五元组，$PN = (P, T, F, W, M_0)$

$P = \{p_1, p_2, \cdots, p_n\}$ 是库所（Place）的有穷集合；

$T = \{t_1, t_2, \cdots, t_m\}$ 是变迁（Transition）的有穷集；

$F \subseteq (P \times T) \bigcup (T \times P)$（关系 F 只存在于集合 P 和集合 T 之间）为有向弧集，即节点流关系（Flow Relation）集；

$W: F \rightarrow N^+$ 是弧权函数，$N^+ = \{1, 2, \cdots\}$；

$M_0: P \rightarrow N$ 是初始标识，$N = \{1, 2, \cdots\}$；

$P \bigcap T = \phi$ 并且 $P \bigcap T \neq \phi$。

Petri 网涵盖库所和变迁两个基本集，两者不同元素间存在直接流关系，未参与变迁的库所或未牵动关系流的变迁均视为孤立元素，而其他元素集构造成为系统关系流，模拟成为不同的系统状态。

（2）Petri 网的性质。

1）可达性。若存在一组变迁 t_0，t_1，t_2，$\cdots$，t_n 产生一组对应的标识 M_0，M_1，M_2，$\cdots$，M_n，称 M_n 是从 M_0 可达的，若用 σ 表示这一组顺序变迁 t_0，t_1，t_2，$\cdots$，t_n，在初始标识 M_0 下发生变迁 σ 将导致后续标识 M_n 的成立，记为 $M_0 [\sigma > M_n$，从 M_0 可达的一切标识的集合记为 $R(M_0)$。若状态 M_i 不能由变迁集形成的其他状态可达，则此状态不将存在。

2）有界性。若存在正整数 K，使 $\forall M \in R(M_0)$ 且 $M(p_i) \leqslant K$，将 $p_i \in P$ 视为对 M_0 有界，即为有界 Petri 网。有界 Petri 网中存在的库所令牌数必须小于限制的 K，其根据不同的指代意表明为对应不同的上限含义。如资源库所的上限意为资源的极限容积。

3）活性。若 $\forall M \in R(M_0)$，则 $M' \in R(M_0)$，使得 $M'[t >$，可认为将

Petri 网具有活性的变迁，即如果存在于各状态下可达标示中的变迁具有潜在发生权，视为活的 Petri 网。

4）安全性。若 p_i 任何状态下均存在不超过 1 个的托肯，可视为安全，假设存在于 Perti 网中的全部库所处于安全状态，则说明整个 Petri 网具有安全性。

（3）Petri 网系统的执行规则。存在于 Petri 网中的托肯量与均布控制着网执行方式，其中变迁运行是由库所留存的托肯决定，Petri 网是由变迁的引发来运行的，而托肯在输入库所转移至其他各输出库所之中产生变迁引发，变迁只在使能状态下才可实施引发。

带有标识 M_0 的 Petri 网 $PN=(P,T,F,W,M_0)$，若 $\forall p_i \in P$ 有 $M(p_i) \geqslant w(p_i,t_j)$，其中 $w(p_i,t_j)$ 是 p_i 到 t_j 的连线的权重，则称变迁 t_j 是使能的，由此可衍生新的标示 $M'(P)$ 且 $M'(P)=M_0(P)+O(p_i,t_j)-I(p_i,t_j)$。

变迁使能和发生的规则可以解释如下。

1）使能变迁关联的输入库所留存的托肯不小于输入弧上的权数值，且输出库所原本存在的托肯数与输出弧上的权数值之和要比其总容量小。

2）变迁发生（点火）的充要条件是该变迁是使能的。

3）变迁受激发时，变迁关联的输入/出库所中转移的托肯与输入/出弧上的权数值分别相等。

特大型升船机火灾应急响应流程 Petri 网涵盖库所和变迁两个基本集，两者不同元素间存在直接流关系，未参与变迁的库所或未牵动关系流的变迁均视为孤立元素，而其他元素集构造成为关系流，模拟成为不同的应急响应状态。

为深入剖析特大型升船机火灾事故应急响应流程，综合上述应急响应程序，提炼特大型升船机火灾应急指挥过程，明确 Petri 网中库所和变迁的具体含义（表 8.1），将指数分布时延与相应的变迁关联，建立特大型升船机火灾事故应急响应流程所对应的 Petri 网模型，如图 8.2 所示。

表 8.1　　　　　　　库所和变迁的含义

库　所	状 态 情 况 含 义	变　迁	变 化 事 件 含 义
P_1	事故单位报送信息	t_1	事故爆发后被发现
P_2	事故被发现	t_2	事故单位报传信息
P_3	应急救援中心接收信息	t_3	确定事态响应等级
P_4	相应等级应急响应	t_4	申请启动公共应急响应平台
P_5	公共应急响应申请获准	t_5	启动应急响应平台
P_6	各部门协同应急	t_6	组建应急现场指挥中心
P_7	应急方案制定	t_7	商讨应急方案
P_8	应急现场指挥中心筹备	t_8	各部门进行现场处置

续表

库　所	状 态 情 况 含 义	变　迁	变 化 事 件 含 义
P_9	应急处置完毕	t_9	事态分析判断
P_{10}	完成求援方案拟定工作	t_{10}	应急响应升级
P_{11}	应急现场指挥中心成立	t_{11}	应急恢复
P_{12}	明确事态信息	t_{12}	调查评估
P_{13}	应急结束	t_{13}	协助公共应急响应
P_{14}	总结评审结束	t_{14}	瞬时变迁

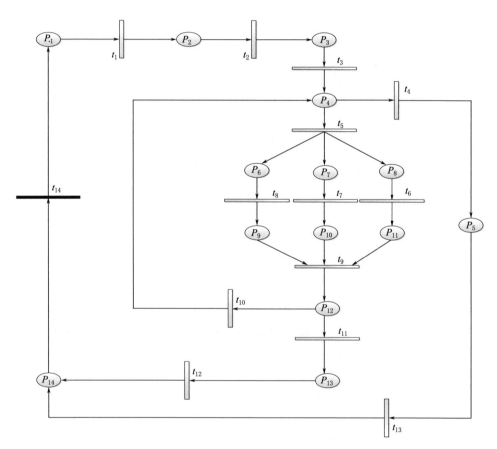

图 8.2　特大型升船机火灾事故应急响应流程的 Petri 网模型

8.2.2　同构马尔可夫链

若存在一组变迁 t_0，t_1，t_2，$\cdots$，t_n 产生一组对应的标识 M_0，M_1，M_2，$\cdots$，M_n，称 M_n 是从 M_0 可达的，若用 σ 表示这一组顺序变迁 t_0，t_1，t_2，$\cdots$，t_n，记

为：$M_0[\sigma > M_n$，从 M_0 可达的一切标识的集合记为 $R(M_0)$。若状态 M_i 不能由变迁集形成的其他状态可达，则此状态不将存在。

确定特大型升船机火灾事故应急响应流程 Petri 网中存在的可能状态，以流程存在的各库所 P_i 标示状态 M_i（如状态 M_6 由库所 P_6、P_7、P_8 标示，其表示应急响应进入紧急筹备应急现场指挥中心，制定应急方案，指挥各部门协同应急行动状态环节中），得到可达标示集（表 8.2），构建其对应可达图。

表 8.2　　　　　　　　　　可 达 标 示 集

	P_1	P_2	P_3	P_4	P_5	P_6	P_7	P_8	P_9	P_{10}	P_{11}	P_{12}	P_{13}	P_{14}
M_1	1	0	0	0	0	0	0	0	0	0	0	0	0	0
M_2	0	1	0	0	0	0	0	0	0	0	0	0	0	0
M_3	0	0	1	0	0	0	0	0	0	0	0	0	0	0
M_4	0	0	0	1	0	0	0	0	0	0	0	0	0	0
M_5	0	0	0	0	1	0	0	0	0	0	0	0	0	0
M_6	0	0	0	0	0	1	1	1	0	0	0	0	0	0
M_7	0	0	0	0	0	1	1	0	0	0	1	0	0	0
M_8	0	0	0	0	0	1	0	1	0	1	0	0	0	0
M_9	0	0	0	0	0	0	0	0	1	1	0	0	0	0
M_{10}	0	0	0	0	0	1	0	0	0	1	1	0	0	0
M_{11}	0	0	0	0	0	0	0	1	0	0	0	0	0	0
M_{12}	0	0	0	0	0	0	0	1	1	1	0	0	0	0
M_{13}	0	0	0	0	0	0	0	0	0	1	1	1	0	0
M_{14}	0	0	0	0	0	0	0	0	0	0	0	1	0	0
M_{15}	0	0	0	0	0	0	0	0	0	0	0	0	1	0
M_{16}	0	0	0	0	0	0	0	0	0	0	0	0	0	1

特大型升船机火灾事故应急响应流程 Petri 网存在对应于具有任何有限 P/T 所同构的马尔可夫链。将可达图中每条线上所标注的引发变迁换成其平均引发速率，得出同构的马尔可夫链，如图 8.3 所示，图中 λ_i 表示变迁 T_i 的平均速率。

特大型升船机火灾事故应急响应流程 Petri 网同构的马尔可夫链中，如果存在 n 中状态，则 $n \times n$ 阶的转移速率矩阵 $Q = [q_{i,j}]$，$1 \leqslant i$，$j \leqslant n$。

当 $i \neq j$ 时，如果 $\exists t_k \in T : M_i[t_k > M_j$，则

$$q_{i,j} = d(1 - e^{-\lambda_k \tau})/d\tau \big|_{\tau=0} = \lambda_k \tag{8.1}$$

否则 $q_{i,j} = 0$。

当 $i = j$ 时，则

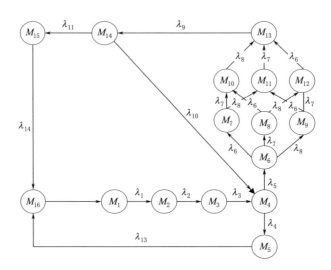

图 8.3　同构的马尔可夫链

$$q_{i,j} = d \prod_k (1-(1-e^{-\lambda_k \tau}))/d\tau \big|_{\tau=0} = d(e^{-\tau \sum_k \lambda_k})/d\tau \big|_{\tau=0} = -\sum_k \lambda_k$$

(8.2)

式中：$k \neq i$ 且有 $\exists M' \in [M_0>$，$\exists t_k \in T : M_i[t_k > M'$，$\lambda_k$ 为 t_k 的速率。

8.2.3　稳态概率的求解

Petri 网是一个暂态系统，当时间 $t \to \infty$ 时，会达到一种动态平衡状态，其状态 M_i 的稳态概率为 $P(M_i)$。

为求解各状态下稳态概率，可根据马尔可夫链平稳分布的相关原理建立方程：

$$\begin{cases} PQ = 0 \\ \sum_{i=1}^n P(M_i) = 1 \end{cases}$$

(8.3)

$$q_{ij} = \begin{cases} 弧上标注的速率；i \neq j，若 M_i 从状态到状态 M_j 有一条弧相连 \\ 0；\qquad\qquad i \neq j，若 M_i 从状态到状态 M_j 无弧相连 \\ -(从状态输出的各条弧上标注的速率之和)；i = j \end{cases}$$

(8.4)

式中：$P = [P(M_1), P(M_2), \cdots, P(M_n)]$ 为马尔可夫链中 n 个状态下稳态概率组成的行向量；Q 为以 q_{ij} 为元素的转移速率矩阵。

8.2.4　应急效能的指标

在求得其稳态概率的基础上，结合实际变迁速率来计算特大型升船机应急响应效能指标，如各环节库所平均标记数、变迁利用率及平均执行时间等，并对其进一步分析，如分析组织或各转换的忙闲程度、工作效率，找出影响应急响应效能的主要因素。

（1）库所平均标记数。为反映库所信息及资源处理的繁忙概率，准确搜寻产生信息堆积，影响应急处置效能的关键环节，结合 Petri 网可达集（表 8.2），计算库所中的平均标记数：

$$c_i = \sum_{N_{ij}=1} P(M_i) \tag{8.5}$$

其中，N_{ij} 为可达标示集合数值。

（2）变迁利用率。为反映各项活动占用整个应急响应过程的时间长短，给应急决策者正确识别重点监管对象提供依据，计算变迁利用率：

$$U(t) = \sum_{M \in E} P[M] \tag{8.6}$$

其中，E 是使 t 使能的所有可达标识的集合；$\forall t \in T$。

（3）平均执行时间。为找出关键活动及优化应急处置预案，计算应急期间各环节运行执行时间：

$$T = \frac{N}{\lambda} \tag{8.7}$$

$$N = \sum_i c_i \tag{8.8}$$

$$\lambda = \lambda' c' \tag{8.9}$$

其中，N 为稳态时 Petri 网系统中某环节的平均标记数；λ 为单位时间进入环节的标记数；T 是该环节的平均执行时间；c_i 是 N 对应环节中某个库所的平均标记数；λ' 是进入环节对应变迁发生率；c' 是进入环节对应库所的平均标记数。

8.3 应急响应效能仿真流程

根据特大型升船机火灾事故应急响应 Petri 网工作流模型，构建马尔可夫链，通过在应急响应流程中引入事件参数，对应急响应流程进行仿真，输出有关应急响应效能指标参数，并以此为依据对应急响应效能进行评价。具体的仿真流程如图 8.4 所示。

（1）初始化参数数据，输入应急流程各工作基础统计数据。

（2）设定最小时间事件，仿真过程中随仿真时钟的推进，满足条件的变迁受激发，通过记录每次激发的托肯（库所中的对象）收取及释放时间节点和对应的变迁标号。

（3）确定变迁的发生和托肯转移。

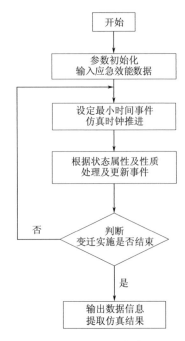

图8.4 应急响应效能仿真流程图

（4）经过多次循环，实现仿真程序的运行。

8.4 案例分析

8.4.1 应急响应流程参数

对某升船机火灾事故应急响应流程进行模型仿真，根据应急预案演练的样本数据，统计变迁 T_1，…，T_{13} 延时参数及对应的变迁发生率参数 λ_1，…，λ_{13}，见表8.3。

表8.3 变 迁 时 延 参 数 表

变迁时延	时间单位	平均发生率	参数	变迁时延	时间单位	平均发生率	参数
T_1	1	λ_1	1	T_2	3	λ_2	0.3333
T_3	1	λ_3	1	T_4	1	λ_4	1.0000
T_5	5	λ_5	0.2	T_6	4	λ_6	0.25
T_7	9	λ_7	0.25	T_8	1	λ_8	0.1111
T_9	1	λ_9	1	T_{10}	1	λ_{10}	1
T_{11}	1	λ_{11}	1	T_{12}	2	λ_{12}	0.5
T_{13}	12	λ_{13}	0.0833				

8.4.2 Petri 网的稳态概率

根据式（8.3）中 Q 的定义，可得其转移速率矩阵：

$$Q=\begin{bmatrix} -1 & 1 & 0 & 0 & 0 & 0 & 0 & 0 & 0 & 0 & 0 & 0 & 0 & 0 & 0 & 0 \\ 0 & -0.3333 & 0.3333 & 0 & 0 & 0 & 0 & 0 & 0 & 0 & 0 & 0 & 0 & 0 & 0 & 0 \\ 0 & 0 & -1 & 1 & 0 & 0 & 0 & 0 & 0 & 0 & 0 & 0 & 0 & 0 & 0 & 0 \\ 0 & 0 & 0 & -1.2000 & 1.0000 & 0.2 & 0 & 0 & 0 & 0 & 0 & 0 & 0 & 0 & 0 & 0 \\ 0 & 0 & 0 & 0 & -0.0833 & 0 & 0 & 0 & 0 & 0 & 0 & 0 & 0 & 0 & 0 & 0.0833 \\ 0 & 0 & 0 & 0 & 0 & -0.6111 & 0.25 & 0.25 & 0.1111 & 0 & 0 & 0 & 0 & 0 & 0 & 0 \\ 0 & 0 & 0 & 0 & 0 & 0 & -0.3611 & 0 & 0 & 0.25 & 0.1111 & 0 & 0 & 0 & 0 & 0 \\ 0 & 0 & 0 & 0 & 0 & 0 & 0 & -0.3611 & 0 & 0.25 & 0 & 0.1111 & 0 & 0 & 0 & 0 \\ 0 & 0 & 0 & 0 & 0 & 0 & 0 & 0 & -0.5 & 0 & 0.25 & 0.25 & 0 & 0 & 0 & 0 \\ 0 & 0 & 0 & 0 & 0 & 0 & 0 & 0 & 0 & -0.1111 & 0 & 0 & 0.1111 & 0 & 0 & 0 \\ 0 & 0 & 0 & 0 & 0 & 0 & 0 & 0 & 0 & 0 & -0.25 & 0 & 0.25 & 0 & 0 & 0 \\ 0 & 0 & 0 & 0 & 0 & 0 & 0 & 0 & 0 & 0 & 0 & -0.25 & 0.25 & 0 & 0 & 0 \\ 0 & 0 & 0 & 0 & 0 & 0 & 0 & 0 & 0 & 0 & 0 & 0 & -1 & 1 & 0 & 0 \\ 0 & 0 & 0 & 0 & 0 & 0 & 0 & 0 & 0 & 0 & 0 & 0 & 0 & -1 & 1 & 0 \\ 0 & 0 & 0 & 0 & 0 & 0 & 0 & 0 & 0 & 0 & 0 & 0 & 0 & 0 & -0.5 & 0.5 \\ 0.0833 & 0 & 0 & 0 & 0 & 0 & 0 & 0 & 0 & 0 & 0 & 0 & 0 & 0 & 0 & -0.0833 \end{bmatrix}$$

根据式（8.3）和（8.4），计算得到每个状态标识稳态概率值，见表8.4。

表 8.4 状态标示稳态概率值

状 态	M_1	M_2	M_3	M_4	M_5	M_6	M_7	M_8
概率	0.0329	0.0988	0.0329	0.0275	0.3295	0.009	0.0062	0.0062
状 态	M_9	M_{10}	M_{11}	M_{12}	M_{13}	M_{14}	M_{15}	M_{16}
概率	0.002	0.028	0.0048	0.0048	0.0055	0.0055	0.011	0.3954

8.4.3 应急响应效能指标

根据马尔可夫链及稳态概率，计算特大型升船机应急响应 Petri 网的效能指标，主要包括库所平均标记数、变迁利用率与系统平均执行时间。

（1）库所平均标记数。根据式（8.5）计算得到各库所平均标记数的概率，见表8.5。

表 8.5 各库所平均标记数值

库 所	P_1	P_2	P_3	P_4	P_5	P_6	P_7
平均标记数	c_1	c_2	c_3	c_4	c_5	c_6	c_7
数值	0.0329	0.0988	0.0329	0.0275	0.3295	0.0494	0.022

续表

库　　所	P_8	P_9	P_{10}	P_{11}	P_{12}	P_{13}	P_{14}
平均标记数	c_8	c_9	c_{10}	c_{11}	c_{12}	c_{13}	c_{14}
数值	0.022	0.0171	0.0445	0.0445	0.0055	0.011	0.3954

各库所平均标记数排序：

$$c_{14} > c_5 > c_2 > c_6 > c_{10} > c_{11} > c_1 > c_3 > c_4 > c_7 > c_8 > c_9 > c_{13} > c_{12}$$

从排序结果可知，特大型升船机火灾事故应急响应总结评审结束时的状态表现最为繁忙，故精简评审流程，强化各部门之间沟通、提升处置信息的反馈效率，能有效解决此环节产生的信息堆积问题。

（2）变迁利用率。根据式（8.6），计算可得各变迁利用率数值，见表8.6。计算结果可知，协助公共应急响应过程需要重点管理和监督。

表 8.6　　　　　　　　　　　　变 迁 利 用 率

变迁	利用率	数值	变迁	利用率	数值	变迁	利用率	数值
T_1	$U(t_1)$	0.0329	T_2	$U(t_2)$	0.0988	T_3	$U(t_3)$	0.0329
T_4	$U(t_4)$	0.0275	T_5	$U(t_5)$	0.0275	T_6	$U(t_6)$	0.022
T_7	$U(t_7)$	0.022	T_8	$U(t_8)$	0.0494	T_9	$U(t_9)$	0.1061
T_{10}	$U(t_{10})$	0.0055	T_{11}	$U(t_{11})$	0.0055	T_{12}	$U(t_{12})$	0.011
T_{13}	$U(t_{13})$	0.3295						

（3）平均执行时间。为系统分析整个应急流程的平均执行时间，先将其分为应急前期 $Q_1 = P_1 \sim P_3$、应急中期 $Q_2 = P_4 \sim P_{12}$ 和应急后期 $Q_3 = P_{13} \sim P_{14}$ 三个环节。

根据式（8.7）、式（8.8）、式（8.9），计算得各环节平均执行时间，见表8.7。

表 8.7　　　　　　　　各环节平均执行时间性能相关参数

参　　数	应急前期 Q_1	应急中期 Q_2	应急后期 Q_3
N_{Q_i}	0.1921	0.5345	0.4119
λ_{Q_i}	0.0055	0.0329	0.0055
T_{Q_i}	34.93	16.25	74.89

通过应急响应 Petri 网模型的仿真分析，结合特大型升船机火灾消防演练实例资料，计算得到的应急期间三个环节运行执行时间，结果表明应急后期运行效率相对较低，需采用各种有效措施提高这一环节的运行效率，如采用档案管理信息化方式提高效率。

本 章 小 结

（1）特大型升船机火灾事故应急响应的信息与资源流向多变，应急响应程序由活动、状态、过程相互交织而成，应急响应流程复杂，应急响应的效能与火灾事故的快速反应要求还有差距，开展特大型升船机火灾事故应急响应效能评价师改进与提高特大型升船机火灾事故应急能力的重要基础。

（2）抽象特大型升船机火灾事故协同应急处置过程链，综合运用 Petri 网理论，建立了特大型升船机火灾事故应急响应 Petri 网工作流模型，计算库所平均标记数、变迁利用率及平均执行时间等应急效能评价指标。

（3）消防演练实际案例结果表明：协助公共应急响应过程占用时间长、相对耗时；应急系统总结评审结束状态表现最为繁忙；应急后期环节运行效率低。特大型升船机火灾事故应急响应流程效能仿真可为剖析应急流程信息拥挤的瓶颈环节及事件应急处置的关键节点，进一步优化应急处置方案提供依据。

第9章 结论与展望

随着我国内河航运事业的快速发展，高坝通航问题越来越引起关注。升船机作为升降船舶的通航建筑物，能够适应上下游通航水位变幅大的高坝工程，在国内外应用广泛。然而，特大型升船机各部位广泛布置大量配电设备与电气线路，过机船舶内部也可能存在各类易燃物品，火灾隐患大，加之升船机塔柱高耸，结构相对封闭，内部空间狭窄，火灾应急疏散困难，升船机消防安全成为航运界的国际难题。

围绕我国特大型升船机消防安全现实需求，联合高校、建设与运行单位攻关，贯彻"预防为主，防消结合"的方针，针对升船机布置及消防设施特征，综合运用消防科学、工程科学、系统科学等多学科理论，采用定量分析与定性分析相结合、试验分析与仿真分析相结合的研究方法，分析特大型升船机火灾蔓延与烟气扩散规律，模拟升船机船厢及塔柱内疏散情况，制定火灾事故应急预案，提出应急救援协同决策与应急响应效能评估方法，集成特大型升船机火灾疏散仿真建模与优化决策理论体系，为解决特大型升船机火灾应急疏散提供依据。

（1）以三峡升船机为例，由升船机布置入手，制定升船机消防总体方案，确定升船机各部位耐火等级与防火分区，分析升船机安全疏散通道，设置事故防排烟系统，建立主要构筑物消防措施，设计火灾自动报警及联动控制系统。

（2）针对消防事故致死的最主要原因，分析特大型升船机火灾烟气流动特征，以质量守恒、动量守恒、组分守恒、能量守恒为基础，剖析升船机内部烟气扩散过程，采用 FDS 软件模拟火灾发展和烟气蔓延特性，构建典型火灾情景，模拟不同火灾情景下的温度、能见度、CO 浓度以及 CO_2 浓度变化情况。

（3）分析模拟过机船舶上人员由游船疏散至承船厢的水平疏散路径，根据《三峡升船机通航船舶船型技术要求（试行）》，确定典型情景的疏散人数，使用 Simulex 软件模拟过机船舶上人员由游船疏散至承船厢，再由承船厢疏散至塔柱整个疏散过程，计算在不同情景下的报警时间、响应时间和疏散行动时间。

（4）针对特大型升船机结构特征，分析塔柱疏散至不同平台的疏散路径，综合运用电梯与楼梯两种疏散工具，比较计算电梯疏散时间、经楼梯向上疏散时间、经楼梯向下疏散时间，以塔柱人员疏散时间最短为目标，确定垂直疏散时间最短下的流量分配系数，并运用改进粒子群算法进行仿真模拟求解。

（5）分析特大型升船机火灾事故危险源，确定火灾事故危害程度及次生火灾风险，构建火灾风险监测监控、预警分级、预警行动、信息报告、预案启动、指挥协调、扩大响应、应急结束、信息发布等处置程序，确定了一般事故处置措施，制定升船机火灾等突发事故紧急预案。

（6）分析特大型升船机火灾事故应急响应特征，借鉴有向网络图表征应急决策过程，建立特大型升船机火灾事故的协同应急决策的协同网络，抽象火灾事故多目标协同决策优化模型，初始化应急处置方案，针对多阶段协同决策过程可能出现的变化，提出特大型升船机火灾事故的多阶段动态协同应急决策方法。

（7）抽象特大型升船机火灾事故协同应急处置过程链，考虑协同应急资源流转方向与活动耗时的不确定性，建立特大型升船机火灾事故应急响应流程模糊 Petri 模型，计算库所平均标记数、变迁利用率及平均执行时间等应急效能评价指标，确定应急流程信息拥挤的瓶颈环节及事件应急处置的关键节点。

特大型升船机火灾疏散仿真建模与优化决策研究所构建的模型可以为特大型升船机火灾应急疏散提供指导，然而特大型垂直升船机火灾疏散情况极为复杂，对于每一个疏散个体而言，其疏散是受自身状况和外界环境因素共同影响的，因此综合考虑多种因素的影响，优化疏散过程，精确疏散结果也将会是后续研究的主要工作内容。

117

参　考　文　献

[1]　陈述，申浩播，王越，等.垂直升船机初期火灾应急疏散策略研究 [J].中国安全科学学报，2018，28（2）：187 - 192.

[2]　TANAKA T，FUJITA T，YAMAGUCHI J. Investigation into rise time of buoyant fire plume fronts [J]. International journal on engineering performance - based fire codes，2000，2（1）：14 - 25.

[3]　HIETANIEMI J，KALLONEN R，MIKKOLA E. Burning characteristics of selected substances：production of heat，smoke and chemical species [J]. Fire and materials，1999，23（4）：171 - 185.

[4]　PEREZ G J，TAPANG G，LIM M，et al. Streaming，disruptive interference and power -law behavior in the exit dynamics of confined pedestrians [J]. Physica A：statistical mechanics and its applications，2002，312（3 - 4）：609 - 618.

[5]　赵道亮.紧急条件下人员疏散特殊行为的元胞自动机模拟 [D].合肥：中国科学技术大学，2007.

[6]　NAGAI R，NAGATANI T，ISOBE M，et al. Effect of exit configuration on evacuation of a room without visibility [J]. Physica A：statistical mechanics and its applications，2004，343：712 - 724.

[7]　牟宏霖.建筑典型区域中人员紧急疏散效率研究 [D].合肥：中国科学技术大学，2015.

[8]　王建平，王美如，陈述，等.垂直升船机火灾疏散时间仿真研究 [J].系统仿真学报，2019，31（6）：1142 - 1149.

[9]　GWYNNE S，GALEA E R，LAWRENCE P J，et al. A systematic comparison of model predictions produced by the building exodus evacuation model and the Tsukuba pavilion e-vacuation data [J]. Journal of applied fire Science，1998，7（3）：235 - 266.

[10]　GWYNNE S，GALEA E R，LAWRENCE P J，et al. Modelling occupant interaction with fire conditions using the building exodus evacuation model [J]. Fire safety journal，2001，36（4）：327 - 357.

[11]　朱孔金，杨立中.房间出口位置及内部布局对疏散效率的影响研究 [J].物理学报，2010，59（11）：7701 - 7707.

[12]　陈述，席炎，王建平，等.垂直升船机初期火灾疏散方案仿真优化研究 [J/OL].系统仿真学报，2019 [2019 - 04 - 27] . http：//kns. cnki. net/kcms/detail/11. 3092. v. 20190416. 1204. 012. html.

[13]　朱孔金.建筑内典型区域人员疏散特性及疏散策略研究 [D].合肥：中国科学技术大学，2013.

[14]　YANAGISAWA D，KIMURA A，TOMOEDA A，et al. Introduction of frictional and turning function for pedestrian outflow with an obstacle [J]. Physical review E，2009，80（3）：36110.

［15］ KIRCHNER A，NISHINARI K，SCHADSCHNEIDER A. Friction effects and clogging in a cellular automaton model for pedestrian dynamics ［J］. Physical review E，2003，67 （5）：56122.

［16］ FRANK G A，DORSO C O. Room evacuation in the presence of an obstacle ［J］. Physica A：statistical mechanics and its applications，2011，390 （11）：2135 - 2145.

［17］ JACKSON P L，COHEN H H. An in - depth investigation of 40stairway accidents and the stair safety literature ［J］. Journal of safety research，1995，26 （3）：151 - 159.

［18］ KENDIK E. Determination of the evacuation time pertinent to the projected area factor in the event of total evacuation of high - rise office buildings via staircases ［J］. Fire safety journal，1983，5 （3 - 4）：223 - 232.

［19］ JIANG C S，DENG Y F，HU C，et al. Crowding in platform staircases of a subway station in China during rush hours ［J］. Safety science，2009，47 （7）：931 - 938.

［20］ PROULX G. Movement of people：the evacuation timing ［J］. SFPE handbook of fire protection engineering，2002：342 - 366.

［21］ HOKUGO A，KUBO K，MUROZAKI Y. An experimental study on confluence of two foot traffic flows in staircase ［J］. Journal of architecture，planning and environmental engineering，1985，358：37 - 43.

［22］ GALEA E R，SHARP G，LAWRENCE P J. Investigating the representation of merging behavior at the floor—stair interface in computer simulations of multi - floor building evacuations ［J］. Journal of fire protection engineering，2008，18 （4）：291 - 316.

［23］ 王群，徐贺. 不同楼梯入口设置方式下人员疏散的模拟研究 ［J］. 中国安全生产科学技术，2015，11 （9）：108 - 112.

［24］ 丁元春. 高层建筑人群垂直疏散特性与疏散策略计算机仿真研究 ［D］. 合肥：中国科学技术大学，2014.

［25］ 郭海林，刘宵，王志宁，等. 楼梯间障碍物对安全疏散的影响研究 ［J］. 工业安全与环保，2014 （12）：33 - 36.

［26］ 李海. 火灾情况下使用电梯进行人员疏散可行性探讨 ［J］. 消防科学与技术，2007，26 （2）：154 - 157.

［27］ 宋文华，伍东，张玉福. 高层建筑火灾初期利用电梯进行人员疏散的可行性探讨 ［J］. 中国安全科学学报，2008，18 （9）：67 - 72.

［28］ AVERILL J D，PEACOCK R D，KULIGOWSKI E D. Analysis of the evacuation of the World trade Center towers on September 11，2001 ［J］. Fire technology，2013，49 （1）：37 - 63.

［29］ BAZJANAC V. Architectural design theory：models of the design process ［J］. Basic questions of design theory，1974，3：20.

［30］ KINSEY M J，GALEA E R，LAWRENCE P J. Human factors associated with the selection of lifts/elevators or stairs in emergency and normal usage conditions ［J］. Fire technology，2012，48 （1）：3 - 26.

［31］ 张虎南. 超高层建筑中避难层应设消防安全疏散电梯 ［J］. 消防技术与产品信息，2005 （7）：37 - 38.

［32］ 董肖肖. 高层建筑楼梯电梯协同人员疏散的实时动态疏导策略研究 ［D］. 合肥：中国

科学技术大学，2015.

[33] 王云龙．基于多约束条件的高层建筑楼梯电梯协同人员疏散策略研究［D］．合肥：中国
科学技术大学，2014.

[34] 胡传平，杨昀．高层建筑火灾情况下利用电梯疏散的案例研究［J］．自然灾害学报，
2007，16（4）：97-102.

[35] KLOTE J H. A method for calculation of elevator evacuation time［J］. Journal of fire
protection engineering，1993，5（3）：83-95.

[36] 谢玉琪，王洪礼，张树平．千米级超高层建筑防火疏散策略研究［J］．消防科学与技
术，2015，34（4）：452-455.

[37] KOO J，KIM Y S，KIM B，et al. A comparative study of evacuation strategies for
people with disabilities in high-rise building evacuation［J］. Expert systems with appli-
cations，2013，40（2）：408-417.

[38] 唐春雨．高层建筑火灾情况下电梯疏散安全可靠性研究［D］．西安：西安科技大
学，2009.

[39] 张鹏，朱昌明．高层建筑危急情况下的电梯疏散系统［J］．中国安全科学学报，2004，
14（8）：75-78.

[40] 张鹏，朱昌明，杨广全．高层建筑垂直应急疏散系统的仿真研究［J］．系统仿真学报，
2005，17（5）：1226-1229.

[41] 陈海涛，仇九子，杨鹏，等．一种高层建筑楼、电梯疏散模型的模拟研究［J］．中国安
全生产科学技术，2012，8（10）：48-53.

[42] 杨昀，于彦飞．电梯和楼梯耦合条件下人员疏散规律研究［J］．消防科学与技术，
2010，29（10）：918-925.

[43] 朱惠军．超高层建筑高速穿梭电梯辅助疏散的可行性［J］．消防科学与技术，2012，
031（9）：931-934.

[44] 郭海林，张利欣，刘宵，等．高层建筑突发灾害下电梯疏散模拟研究［J］．消防科学与
技术，2014，33（1）：44-47.

[45] 张筠莉，杨祯山，贾宝山．电梯用于高层建筑火灾疏散的安全性量化评价［J］．辽宁工
程技术大学学报（自然科学版），2008（3）：13-16.

[46] 董骊．高层建筑电梯群控调度算法研究［D］．长沙：中南大学，2008.

[47] 伍东．高层住宅建筑火灾情况下人员安全疏散研究［D］．天津：天津理工大学，2009.

[48] 曹奇，黄丽丽，肖修昆．超高层建筑人员电梯辅助疏散及其影响参数研究［J］．火灾科
学，2013，22（4）：207-212.

[49] 杨永俊．突发事件应急响应流程构建及预案评价［D］．大连：大连理工大学，2009.

[50] 柴干，濮居一，万水．省域高速公路交通应急救援联动机制探讨［J］．中国安全科学学
报，2008，18（5）：68.

[51] 吴钰飞，常显奇，廖育荣．基于 Agent 的应急空间装备体系效能评估研究［J］．计算机
工程与科学，2010，32（6）：77-80.

[52] 吴伟，王博，张净敏．基于 AHP 的应急机动通信系统效能评估［J］．火力与指挥控
制，2011，36（7）：91-94.

[53] 沈烈，裴波，李瑞斌，等．应急医疗救援急救分队的组建与效能［J］．人民军医，
2010，53（12）：965-966.

[54] 赵林度，程婷. 基于城市危机关键控制点的应急管理模式研究 [J]. 安全与环境学报，2008，8（5）：163 - 167.

[55] 黄炎焱. 面向突发灾害事件的应急效能评估方法 [J]. 自然灾害学报，2012，21（1）：71 - 77.

[56] 张英菊. 基于灰色多层次评价方法的应急预案实施效果评价模型研究 [J]. 计算机应用研究，2012，29（9）：3312 - 3315.

[57] 吴天爱，吴云玉，谢忠全. 基于云模型的人防物资储备体系效能评估研究 [J]. 计算机仿真，2014，31（6）：15 - 19.

[58] 石彪. 应急预案管理中的若干问题研究 [D]. 合肥：中国科学技术大学，2012.

[59] 邓芳，刘吉夫. 高原地震协同应急方法研究——以玉树地震为例 [J]. 中国安全科学学报，2012，22（3）：170 - 176.

[60] 徐振潇，徐书杰，刘小康. 基于帕累托最优理论的人民银行应急资源配置研究 [J]. 金融理论与实践，2013（5）：73 - 76.

[61] 程翠云，钱新，杨珏，等. 溃坝应急预案有效性评价 [J]. 岩土工程学报，2008，30（11）：1729 - 1733.

[62] Wang J P，Wang M R，Zhou J L，et al. Simulation based optimal evacuation plan in vertical ship lift：a case study [J]. Engineering Computations，2020，37（5）：1757 - 1786.